微表情心理学

MICRO-EXPRESSION PSYCHOLOGY

吕恒杰◎著

煤炭工业出版社

图书在版编目（CIP）数据

微表情心理学/吕恒杰著．--北京：煤炭工业出版社，2018（2024.1 重印）

ISBN 978-7-5020-5354-3

Ⅰ.①微… Ⅱ.①吕… Ⅲ.①表情—心理学—通俗读物 Ⅳ.①B842.6-49

中国版本图书馆 CIP 数据核字(2017)第 314836 号

微表情心理学

著　　者　吕恒杰
责任编辑　刘少辉
封面设计　胡椒书衣

出版发行　煤炭工业出版社（北京市朝阳区芍药居 35 号　100029）
电　　话　010-84657898（总编室）
　　　　　　010-64018321（发行部）　010-84657880（读者服务部）
电子信箱　cciph612@126.com
网　　址　www.cciph.com.cn
印　　刷　三河市九洲财鑫印刷有限公司
经　　销　全国新华书店

开　　本　710mm×1000mm 1/16　**印张**　14　**字数**　190 千字
版　　次　2018 年 4 月第 1 版　2024 年 1 月第 3 次印刷
社内编号　8211　　**定价**　49.80 元

前 言
Preface

《孙子兵法》云：“攻城为下，攻心为上。”人生是一场博弈，生活是一场较量，在各种错综复杂的人际关系面前，如果能看透别人的心思，有针对性地表达自己的意思，就能够掌握主动权，助力自己的幸福与成功。

那么，如何掌握他人内心世界，了解他人的所思所想？我们不妨看看下面这个故事。

三国时候，有一次刘备接待一位客人，二人相谈甚欢。这时，诸葛亮突然走进来，客人见他来了，马上起身上厕所。刘备对诸葛亮夸奖客人，而诸葛亮却说：“我看这人脸上眉飞色舞，而神情似有所畏惧；眼睛看着低处，眼珠子却四处乱转；外形露出了奸心，内里包藏着邪念。此人十分可疑，极有可能是刺客。”刘备急忙派人去缉拿，可是，那人已经翻墙逃走了。

“脸上眉飞色舞，而神情似有所畏惧”“眼睛看着低处，眼珠子却四处乱转”“外形露出了奸心，内里包藏着邪念”。

微表情“出卖”人心！狄德罗说过：“一个人，他心灵的每一个活动都表现在他的脸上，刻画得非常清晰和明显。”你可以信口开河，你可以掩饰遮挡，但微表情是身体的下意识动作，不经意间就会暴露你的内心想法。生活中，如果我们也能像诸葛亮一样掌握一点察言观色的技巧，练就几招辨别真伪的技术，那么很多难题便会迎刃而解。

为此，我们策划出版了《微表情心理学》一书，本书将帮助你察人、识心，通过了解他人的微表情，看到他人内心世界的瞬间动态。

人们感到不确信、紧张或者不安时，会在不知不觉中做出“毫无意义”的动作，如咬指甲；

当压力来临时，身体就会自发地做出一种安慰行为，其中最常见的就是抚摸颈部；

在谈话过程中，对方用手掩面或摸鼻子，说明他心中常有不为人知的隐情，感到非常焦虑，从而不停地用手接触脸部；

当顾客不停地摆弄头发，调整身体的姿势，或者将眼镜从脸上拿下来不停地擦拭时，说明他们在迟疑犹豫，就像在说：我需要认真考虑一下……

观人于细微，察人于无形，本书从脸部到脚趾，从语言到身姿，从表面到内心，让你全方位了解微表情下的心理世界，帮你更好地读懂人心、看懂人性，并将其应用到日常工作、生活、交际中。

你想知道别人的真实想法吗？你想知道别人是否在撒谎吗？你想瞬间获取别人的信任和好感吗？你想在职场和商场的交际应酬里左右逢源吗？那么现在，就翻开本书和我们一起学习吧。

目 录

Contents

| 第五章 | 以姿观心，看透他人要从细微处入手

| 第六章 | 阅人无数，不等于识人全部

| 第七章 | 闻声识人，从闲谈中探窥其内心

第十章 异性的反应，复杂的心理

第十一章 察言观色，读懂职场中的暗语

第十二章 交往，秘密全在不起眼的小动作上

第一章

内心有想法，脸上见端倪

无意识的表情，真实的心思

通常有种说法，当你想知道对方心里想的是什么的时候，盯着对方的眼睛看就能知道。真的是这样吗？其实，与其看着对方的眼睛，不如看看他整个脸部。人的脸上有40多块肌肉，它们当中的大部分我们都无法有意识地掌控，这也就是说，你的面部表情会无意识地流露出许多信息，我们经常看到电影电视里的特工具备火眼金睛般的表情识别能力，他们能通过看对方的表情识别对方的心思。

也许你曾经在电视上看到过特工破案的场景，不知道你有没有注意到，即使在嫌疑人守口如瓶、一句话都不说的情况下，FBI 的特工仍然能够从他们身上获取到很多有用的线索，请看下面的这个场景：

FBI 接到密报，有人在市区的一所教堂内安装了炸弹，但是并不清楚究竟是哪一所教堂，挨个排查已经来不及了，因此他们必须从嫌疑人身上找到线索。测谎专家开始对嫌疑人进行提问："如果是我的话，我会把炸弹安在 A 教堂，那里总是有很多人。"

嫌疑人脸上没有一丝表情。

"看来 A 教堂并不是最好的地方，那里戒备十分森严，不如 B 教堂更容易下手。"

嫌疑人嘴角向上提了一下，闪过一丝轻蔑的笑容。

"位于郊区的 C 教堂似乎也是不错的选择，那边……"

此时，测谎专家发现嫌疑人瞳孔放大，放在椅子扶手上的手紧紧地握了一下，专家立即下令搜查 C 教堂，果然找到了炸弹，避免了一次灾难。

虽然嫌疑人一句话也没有说，也没有做出任何指示性的动作，然而他脸上的细微表情出卖了他。

事实上，许多特工人员都在研究并运用无意识表情传达的信息破案，因为人们虽然可以控制自己说话的内容，却无法控制自己脸上的无意识表情，也就是说，无意识表情比口头语言更加真实而有说服力。

我们每个人都有察觉别人情感的能力，能分辨出别人是高兴还是生气，但是，我们又常常忽视一些信息，有些时候直到别人开始把心中的怒火发泄出来才明白他原来怒火中烧！并且，有些时候我们会混淆一些面部表情，比如，把害怕的表情当成惊讶，把入神的表情当成悲伤。

面部表情的变化有时候是有意识的，有时候是无意识的，当你给我讲了一个笑话，有些时候代表了你对我无意识流露出的轻蔑，有些时候代表了你是在附和我；当我告诉你一件不可思议的事情，你扬起了眉毛，有些时候是说明你对我说的话故意表示怀疑，有些时候是你真的对我说的话有所怀疑。

有时候我们会同时产生两种情感，那么在这两种情感的转化过程中，就会有一个承接两种情感的阶段，比如我们先是惊讶，然后我们又开始高兴，那么这之中就会呈现出又惊又喜的表情。当经历一种混杂的感情的时候，比如，当我们坐过山车的时候，我们会既兴奋又害怕，会在无意识中表现出我们想要隐藏的感情，与此同时，我们会有意识地假装出我们想要伪装的感情。还有些时候，我们的面部表情不仅仅会配合我们的谈话场景和谈话内容，还会来配合我们的其他表情，比如，当你感到紧张的时候，你很可能会挤出一个假笑。

事实上，观察一个人无意识的表情，不仅能够知道他此时此刻的情感，还能够知道他即将产生的情感，这是因为，肌肉的反应比思维的反应更快。利用这一点，你可以在对方尚未感觉到他的感情之前先他一步做出应对措施，比如，当你发现一个人即将发怒的时候，你可以提前帮助他控制愤怒情绪的爆发，这比起他发怒后你手足无措要好得多吧！

综上所述，我们在与人交往的过程中要识破对方的感情，无意识的表情是我们可以参考的一项重要指标。当然，在你通过他人的面部表情识破了他的内心的时候，最好是看破而不点破，因为你看穿的很可能是他的个人隐私！

把注意力放到对方的左脸上

人类的身体是一件非常对称的艺术品，左右两边从外貌上看是一模一样的，但是从生理上来说，它们又是完全不同的。那么，你知道我们的左脸和右脸的区别吗？当然，左脸和右脸不像我们的左脑和右脑那样分工明确，但就身体语言来分析，左脸和右脸传递出的信息是不一样的，左半边脸更容易表达出真实的感情。

有人曾经做过这样一个调查，调查问题是“请问你喜欢自己的左脸还是右脸？”得到的结果是大多数的人都喜欢右脸。大概是因为左脸更容易表露出自己的内心想法吧，人们总是不喜欢让自己的真实感情太过外露。所以，生活中如果你通过观察对方的表情和眼睛仍然无法知道他在想什么的时候，可以尝试把注意力集中到他的左脸。

其实，一些生理现象是人们无法用自己的意志控制的，如打喷嚏、打哈欠、咳嗽等，这些时候，左脸和右脸的活动是对称的。而那些人们可以控制的感情，如尴尬的时候、苦笑的时候、惋惜和悔恨的时候等，左脸和右脸就会出现不一样的表情。你可以尝试把自己生气或惊讶的表情拍下来放在电脑上，然后把照片分割成两部分——左脸和右脸，仔细观察这两张脸上的表情，你就会发现左半边脸准确地传递出你的情绪信息，而右半边脸没有什么表情。或者不用那么麻烦，你只要对着镜子做出惊讶的表情，然后看看自己两边的脸分别是什么表情就知道了。

莉莉和男朋友相爱三年了，她一直相信自己找到了传说中的“白马王子”，每天沉浸在爱情的甜美中。但是最近她发现了一件有点奇怪的事：每当他们享受二人世界时，男朋友总是抢先坐到她的左边，把他的右脸对着自己。莉莉就产生了疑问：这是为什么呢？这又不是演员在拍照，难道还要注意位置摆好姿势吗？其中是不是有些事情是我不知道的呢？

面对莉莉的疑问，我不得不对女生们说，如果你的男朋友总是用右半边脸对着你，那么，你就需要做好心理准备了，或许他并不是在遵循传统的男左女右的观念，而是你的男朋友可能对你有所隐瞒。因为右脸不容易泄露他的真实感情，所以他用右脸对着你，可能说明有些事情他不想让你知道。这种时候你就要学会自己去观察推断，最好与他面对面交谈，从正面观察他的面部表情，注意他的左半边脸，据此分析他的内心感受。

一般来说，人们的眼睛是从左到右移动的，所以最先看到的是对方的右脸，如果改变一下顺序，先注意到对方的左脸，没准就能发现一些他的内心活动，尤其是对方在表现某一种感情的时候，比如悲伤、开心、厌烦、恼怒等，观察他的左脸就能知道这是否是当时他的真实情绪。

东张西望暴露出心虚

在日常生活中我们经常可以遇见这样的情形，当你与一个人交谈时，对方的眼神总是闪烁不定，一旦碰见你的视线后，就会迅速将自己的目光移开。此种情况下，你就会觉得他心中可能隐藏着某事，或者是背着你做了对不起你的亏心事。这种担心是有科学根据的，就心理学而言，回避视线的行为，往往被认为是一方不愿被对方看见的心理投射。也即，隐藏着某事不想被对方知道的可能性非常大。

视线的转移往往是人内心活动的反映。在与人交谈的过程中，多留意一下对方视线的变化，或许你能从中了解到很多更为真实的东西。

东张西望所透露出来的内心独白是："外部环境很陌生，我需要认清它并找到安全逃跑路线。"如果你不相信，可以看看动物的反应。很多动物被带到一个陌生的环境中，它们的视线就会上下左右四处扫视，而且动作相当明显，甚至伴有头部转动的动作。而一旦受到惊吓，它们会立刻循着自己刚刚锁定的路线奔逃，一刻也不迟疑。这证明它们在东张西望时就已经安排好逃跑路线了。人类在新的环境中的环视动作比动物隐蔽得多，但摄像机还是能记录下这些不安的眼神。所以，东张西望的神情是人们对于眼前的人或事缺乏安全感的表现。

目光转向其他地方是对谈话失去兴趣的表现，会让对方感受到自己逃离的渴望。这也是一种本能，那就是不愿意面对讨厌的人和事。所以当你和一个特别讨厌的人说话时，你本能地会想要看别的地方，寻找可能摆脱这个人的办法。大多数人没有办法生硬地拒绝别人，他们出于礼貌还是要把这次谈话进行下去，但内心的厌烦就没有办法阻止了，会淋漓尽致地表现在身体语言上。

如果你的瞳孔偏到一旁，而你用这样的视线去看别人可以传达出不同的信号。

斜视的目光伴随着压低的眉毛、紧皱的眉头或者下拉的嘴角，那就表示猜疑、敌意或者批判的态度。你在公司会议上发表见解时，如果发现你的老板和同事大多用这样的视线来看你，你就得警醒了。可能是他们对你本身有意见，或者对你的说话内容表示不屑。不管是哪一种，你的主张都没有办法打动别人。而女人们则通常喜欢用这种视线表达感兴趣的意思，同时眉毛微微上扬或者面带笑容，那就是很有兴趣的表现，恋爱中的人们经常将之作为求爱的信号。

虽然视线转移在很多时候是心虚的表现，但这并不意味着一个人在与对方发生视线接触时一有视线转移就表示心虚。在医学上，有一类人群被称为“视线恐惧症”患者，他们在与别人发生视线接触后，往往会立即转移自己的视线。因为他们觉得对方的眼光太过于强烈，从而使自己的眼睛不由自主地剧烈眨动，这会让他们感觉非常不舒服。与此同时，他们的心理也处于一种矛盾的状态之中，一方面他们想如果与对方进行对视，会不会使对方感到不快，另一方面又想自己若是进行视线转移，对方会不会看透自己的心理。在这种进退两难的矛盾状态之中，他们越是焦急，就会越想要注视对方的眼睛，更剧烈的反应便随之产生；越害怕对方会看透自己的心理，强烈不安的心理情绪就越严重。一般来说，此种类型的人，他们之所以会产生“视线恐惧症”，归根结底，是因为他们缺乏自信心。他们往往通过别人眼中反映出的自己来认识和确认自己的存在与价值。

此外，一个人不与对方发生眼神接触而进行视线转移，可能也不是心虚的表现，而是与特定的文化背景有关。比如日本，按照他们的风俗习惯，相互介绍的时候，名望身份较低的人应该比名望身份较高的人鞠躬鞠得更深以避开眼神接触，这被认为是尊重对方的表现。

愉快或痛苦时，瞳孔有反应

日常生活中我们很容易观察到别人的手势、坐姿、表情等身体语言，而对于眼睛的观察则仅仅停留在暗淡无光还是炯炯有神的层面上，其实眼睛里还有很多值得我们去发掘的关键信息。人的眼睛通过数条神经与大脑连接，它们从外部获取信息，然后通过神经把信息传递给大脑。受到刺激的大脑又反馈信息给眼睛，于是人的心理也就在眼睛上表露出来。这就是“眼睛是心灵的窗户”这一说法的科学依据。

芝加哥大学研究瞳孔运动的心理学家埃克哈特·赫斯发现，瞳孔的大小是由人们情绪的整体状态决定的。一般来说，当人们看到对情绪有刺激作用的东西时，瞳孔就会扩张。例如，一个性取向正常的人，不管是男人还是女人，只要他们看到异性明星的海报，瞳孔便会扩张；但若看到同性明星的海报，瞳孔就会收缩。同样，当人们看到令人心情愉快或是痛苦的东西时，瞳孔也会产生类似反应。比如，看到美食和政界要人时瞳孔会扩张；反之，看到残疾儿童和战争场面时瞳孔会收缩。在极度恐慌和极度兴奋时，瞳孔甚至可能比常态扩大四倍以上。多年以前在美国进行的一项瞳孔研究调查显示，当男人们观看色情电影时，瞳孔会扩大到原始尺寸的三倍。而女人们则是在看到妈妈和婴儿嬉戏的图片时，瞳孔扩张最为明显。婴儿和幼童的瞳孔比成年人的瞳孔要大，而且只要有父母在场，他们的瞳孔就会始终保持扩张的状态，流露出无比渴望的神情，从而能够引来父母的持续关注。

赫斯还指出，瞳孔的扩张也与心理活动密切相关。例如，某个工程师正在冥思苦想如何解决某个技术难题，当这一难题终于被攻破的那一刹那，这位工程师的瞳孔就会扩张到极限尺寸。

青年男女在约会时，如果女方真正喜欢男方，那么她在注视男方的时候，其瞳孔会明显扩大，并用她那双水灵灵的、圆圆的、含无限柔情的眼睛凝视着对方。与此同时，男方在领会女方眼神的意思后，其瞳孔也会渐渐扩大。由于双方瞳孔扩大、双眼圆睁，这就使得彼此在对方眼中显得更为迷人、漂亮、潇洒，从而极易使双方变得激动起来。也正是由于这个原因，很多热恋中的青年男女在选择约会场所时，非常青睐那些光线阴暗的地点，比如咖啡厅、酒吧等，因为在这些地方，双方的瞳孔可以放得更大一些。

这也正是美瞳眼镜的秘密所在，佩戴美瞳眼镜会让我们的瞳孔看起来更大，而较大的瞳孔会让你的眼神更有神采，整个人也会显得更有活力。

关于瞳孔扩张的这一发现还被引入了商业领域，人们发现瞳孔的扩张会令广告模特显得更有吸引力，从而吸引更多的顾客购买商品。因此，商家通常将广告照片上模特的瞳孔尺寸修改得更大一些，有助于提升产品的销量。

很多玩儿牌的高手之所以能屡战屡胜，据说一个重要原因就在于他们善于通过观察对手看牌时瞳孔的变化来揣摩对方手中牌的好坏。正如前面所说，当一个人处于乐观、高兴的情绪状态时，其瞳孔就会明显变大；当一个人处于悲观、失望的情绪状态时，其瞳孔就会明显缩小。因而，他如果看见对方看牌时瞳孔明显扩大，则可基本断定对方拿了一手好牌；反之，当他看见对方看牌时瞳孔明显缩小，则可基本断定对方的牌不太好。如此一来，自己该跟进还是该扔牌，心里也就有底了。如果对手戴上一副大墨镜或太阳镜，那些玩儿牌的高手可能就会叫苦不迭。因为他们不能通过窥探对方瞳孔的变化来推断对手手中牌的好坏。如此一来，他们的胜率肯定会直线下降。

通过观察一个人在观看某件物品时，其瞳孔是变大还是缩小，进而推断此人对此物品或事物的喜恶程度，是很多销售人员，尤其是那些有丰富经验的零售人员的常用方法。比如，他们向某一顾客推荐某种商品时，就会非常留意顾客在看这件商品时瞳孔的变化，如果他们发现顾客在看这件商品时瞳孔明显变大，心里就会暗自窃喜，因为他们据此可以知道顾客对他们推荐的商品很感兴趣，于是他们就会向顾客要一个相对较高的价格；反之，如果他们发现顾客在看商品时，瞳孔明显变小，心里就会暗暗叫苦。因为顾客很可能对他们推荐的商品不感兴趣，相应地，他们就会向顾客要一个相对较低的价格，以此来吸引他的眼球。

头部变化透露蛛丝马迹

在日常生活中，我们会看到一些人习惯把头部歪在一边。这种类型的人一般比较温顺、依赖他人。当他们把头歪在一边时，传达的是一种顺从的态度。因此习惯把头歪向一边的人往往能很快消除他人对自己的戒心，融入新的环境中去。此外，由于社会的男女分工不同，男女对把头歪向一边也有着不同看法。一些性格刚强的男人不愿意歪头，因为他们认为这是一种屈服，而一些女性则喜欢通过歪头来获得他人的帮助。

在“二战”刚刚结束的时候，FBI 抓到了一名德国女间谍。这名女间谍受过专业的肢体训练，而且性格坚强，善于伪装，不是一个等闲之辈。

刚开始审讯不久，从美国 FBI 总部传来了一个新消息。这名女间谍通过微型摄像机，拍摄到了美国某重要军事基地的军事信息和秘密武器资料。FBI 人员对这名女间谍进行了严格的审问，想从她的口中获得关于这些资料的信息。但三天三夜过去了，这名女间谍一口咬定微型摄影机不是自己的，自己也没有去过什么军事基地。

FBI 发现这次自己遇到了难缠的对手。他们暂停了这样的审讯，开始投入大量的精力研究微型摄像机和秘密资料上留下的指纹。经过不断的分析和对比，FBI 发现微型摄像机上残留的指纹和女间谍的指纹完全吻合。

FBI 对这名女间谍又展开了新的一轮指纹攻击。虽然这名女间谍继续顽抗，但是当她知道残留在微型摄像机和秘密资料上的指纹与自己的指纹完全吻合时，她的头不由得偏向了一边。FBI 捕捉到了这一细小动作，知道这名女间谍虽然表面平静，但是心理防线已经被攻破，开始表现顺从的态度。

正如 FBI 所料，在接下来的审讯中，这名女间谍没有再继续狡辩，而是把自己盗取美国秘密军事基地资料的计划和盘托出了。

例子里的 FBI 就是通过女间谍偏头这一细微的变化，读出了女间谍的心理变化，攻破了其心底的防线。

点头可以和他人建立一种融洽的关系。当两个人处在交谈中时，如果一个人缓慢地点头，表示这个人对谈话的内容很感兴趣；如果一个人快速地点头，则表示这个人对谈话的内容感到不耐烦；当谈到一件事时，如果一个人配合地点头，则表示这个人同意你的意见；而在点头时，如果对方身体前倾，则表示对方在恭维你。

一个人如果摇头的幅度过大，则表示这个人急于否定某些事，而这些事中肯定存在着某些隐情。而如果一个人摇头的频率和幅度很小，则表示这个人对看到的和听到的存有一些怀疑。

在生活中，我们有时候会看到有些人在他人面前把头低成垂下的姿势。这种姿势传达出的是一种缺乏自信、感觉不好的信号。所以在公众面前，尤其是在正式场合或演讲的时候，要尽量避免出现这种动作，因为它表现了你的失败。此外，当人们对听到的或看到的事情不满或持反对意见时，有时也会低下头。所以，在与他人的谈话中，不能轻易做这个动作，因为它会让对方误以为你不赞同谈话的内容。

眼睛动作所传达的信息

不同的眼睛动作所传达的信号也是大有不同的。下面我们就来具体看一下不同的眼睛动作传递的信息。

1. 眼睛向上看

如果留心观察儿童的身体语言，你会发现，小孩子犯错被父母发现之后，经常会做出一种经典的认错姿势——站在大人面前，低下头的同时眼睛往上看着大人，仿佛在说：“我知道错了，请不要骂我。”这种既可爱又无辜的眼部动作让父母顿时心生怜爱，舍不得再对孩子进行责罚。

这种低头的同时眼睛向上看的动作，正表明了一种顺从谦恭的态度。提起这一眼部动作，我们就不得不说把这一动作用到极致的黛妃：下巴微微内收，抬起眼睛向上看，露出纤细的脖子，这个动作几乎已经被黛妃艺术化了，她深知这样的动作具有怎样的吸引力。在婚姻遭遇危机时，黛安娜王妃用眼睛向上看这一标志性的动作赢得全世界的同情。这种孩子般的动作触发了成千上万人的怜爱之情，特别是当人们认为黛安娜王妃遭到英国王室的攻击时，更是希望能像父母一样保护她。

2. 低垂眼皮抬起眉毛

低垂眼皮抬起眉毛的眼部动作是备受女性青睐的动作。几个世纪以来，女性常常用这个动作来传递自己的性感。

这样的 pose ： 低垂眼皮的同时轻抬眉毛，目光略微向上看，嘴巴微微张开。这个动作之所以有如此魅力，不仅仅是因为眉毛和眼睑之间变宽的距离能让女人看起来更性感，更重要的是那似是而非、让男人充满遐想的迷离眼神。

3. 突然眯起的眼睛

突然眯起的眼睛是一种视觉阻断行为。所谓的视觉阻断是一种常见的眼部的非语言行为。当人们看到自己不喜欢的东西时，或者感觉到自己受到威胁的时候，通常会下意识地眯起眼睛，通过避免看到不想看到的事物来保护自己的大脑。

刘强和女友苗苗一起散步时，苗苗遇到了一个女孩。苗苗朝她低低地挥了挥手，同时轻轻地眯了一下眼。刘强觉得苗苗有些不对劲儿，于是问苗苗她们是怎么认识的。苗苗告诉他，她们是高中同学，曾经吵过架。她挥手是出于礼貌，而眯眼则出卖了她的消极情绪和厌恶感。苗苗并没有意识到自己泄密了，而在刘强眼里，“眯起眼睛”这一轻微的眼部动作就像灯塔一样明显。

4. 眼球多方向快速转动

经常看侦探剧的人会注意到这样一个现象，当犯罪嫌疑人的伎俩被揭穿的瞬间，他的眼球总是快速地多方向转动，并且一脸不知所措的神情。眼球多方向快速转动是视线转移的一种。这是一种很难伪装的动作，眼部出现这个动作的人，一定正处在恐惧或者高度警觉的状态。

人之所以会多方向快速转动眼球，是一种本能反应，以此来留意周围的异动。而往往一个人眼球转动的速度和内心的惶恐程度是成正比的。

5. 目光总是不规则移动是不怀好意的表现

一个人在和你交谈的时候，他的目光总是不规则地移动，这会让你觉得这是一个不正经、不可信或心怀歹意的人。实际上，这不只是一种感觉，有这种眼部动作的人也许正准备设下圈套来陷害你。如果他是你的亲友，也许他是在盘算着一场恶作剧来使你上当。

6. 翻白眼

翻白眼是一种常见的眼部动作，传达出的感情是轻蔑和看不起。《甄嬛传》中骄横的华妃娘娘在和各位妃嫔说话的时候，为了凸显自己的圣宠，常常是一个白眼接着一个白眼。当然，她也会偶尔和皇帝翻个白眼，这时传达出来的意思就大不相同了，那是在向皇上撒娇呢。

7. 眼皮跳动

出现眼皮颤动的人一定是遇到了什么麻烦，有些人甚至刚一遇到麻烦就会立即出现这样的反应。在社交或商务谈判中，行家们会通过观察对方是否出现眼皮跳动而评估他的舒适度。在谈话中，如果一个人出现了眼皮跳动，说明这个人可能对正在讨论的问题产生疑问或完全不认同，或是正在准备转换话题。

8. 从眼镜上方看人

从眼镜上方透出的眼神往往是冷冷的，带着拒绝交流的味道，是一种不太客气、心怀戒备的注视。一般来说，从镜框上方看人往往不是正视，而是用斜上方的目光看人或是余光扫视，这样的人一般都是刻板、保守、斤斤计较、心存鄙视的人。他的目光表露出他轻视一切、怀疑一切，甚至有一些人带着性格上的缺陷。

从眼镜上方看人也是一种常常会出现在长者身上的眼部动作。海清和小沈阳出演的电视剧《后厨》中，很多人对一个配角记忆犹新，那就是名厨吴娘娘，尤其是吴娘娘那一副摘了又戴、戴上又摘的眼镜很是抢眼。在剧中，德高望重的吴娘娘看人的眼神有这样一种：眼镜垂得低低的，眼神从镜框上方打量人。吴娘娘的眼部动作传达出的是一种指点和责备。你的动作引起了她的不满，叫你注意。以眼神指点往往不太显眼，比较客气。

嘴部动作和心理活动

话从口出，听声听音，你不仅可以听对方在说什么，还可以观看嘴部动作读懂对方的内心。嘴巴是人脸上可变动性最大的器官，即使对方没开口的时候，嘴部动作依然丰富多样。在交谈过程中，要注意对方的嘴部动作，因为这些嘴部动作和对方的心理活动有密切关联，反映着他们当下的情绪。

爱瘪嘴的人，通常自尊心很强，他们就算听不懂你的问题，也不会坦白自己的无知，反而，他会开始问一些无关紧要的问题，在这个过程中套你的话，推敲出自己不懂的地方。面对这种人，你首先要照顾他们的自尊心，千万不要直接说出或是间接表现出你知道他们听不懂，你要用不同话语陈述对方没听懂的部分，让他慢慢听懂，使得沟通能够继续下去。

爱舔舐嘴唇的人，他们正处于紧张或兴奋的状态，而他们也正在压抑这样的情绪。他们也许正欲向你提出自己的要求，你不妨尽早满足他的欲求，制造空当让他把话说出来，一吐为快的他会更有兴致与你讨论交流。

当对方听着你的话，不经意地咬上嘴唇的时候，你要知道，他正在分析你说的话呢，这个时候，你不妨用喝水、上洗手间等动作为对方制造空当，让他有点时间好好分析，做出评估，切忌继续塞信息给对方，让他乱上加乱，思考不明，焦虑不安。他必须有定论后，才会与你继续交流，即使他不接受你的话，你也可以继续说服他。而如果你把他弄迷惑了，他就无心再听你的任何话了。

那么，如果对方咬下嘴唇呢？他在想什么？其实，他也许认为自己刚刚说话不得体，现在正在试图自我解嘲、反省一下。还有一种可能，就是他刚刚解开了对你话语的误解。这个时候的他，心理防卫较低，你在这个时候提出积极的要求，成功率一定是最高的。

如果他用下嘴唇盖住上嘴唇的话，你要当心了，他对你已经起疑心了。这个时候，你最好针对他们提出的问题，给出肯定和专业的解疑，如果你答不出来，千万别企图随便说说应付过去，持怀疑态度的他们会认真地分析你的每一句话，若被他们发现你是想忽悠他们，你就完全失信于他们了，所以，不懂别装懂，不如诚实地说“我不知道”。

还有一种嘴部动作，就是把嘴抿成一字形。此时唇线会被拉直，人看上去就会显得比较严肃。这么严肃的表情表明了对方已经下定决心，任何人都不能改变了。如果他的决定正合你意，恭喜你，你不用再费口舌了；而如果他的决定和你的计划不同，那奉劝你，别浪费时间了，还是下一次再来与他交流吧。

第二章

察貌视心，从微表情看破谎言

越无表情，越暴露真心

表情是人类内心活动的一个晴雨表，也是一种非常重要的非语言沟通交流的方式，表情总是和说话的内容相配合，但是，表情也具有迷惑性，因为人类会隐藏自己的表情。当一个人要隐藏谎言时，他就会减少自己的面部表情，伪装出面无表情的样子，让对方无法从中解读到任何的信息。其实，这种面无表情也是一种表情，说明对方正在将一切信息、情感都隐藏起来，拒绝他人来读懂自己的表情，这种故意的抵触，说明对方正在伪装自己，你可以继续观察对方的细微变化，他的身体语言一定会出卖他，例如，眼睛会眨，鼻子会皱，脸部不自觉地抽动，等等。仔细观察他其他方面的表现，就完全可以将他的真实意思解读出来，他企图掩饰的谎言也会浮出水面。

说谎的人不仅会减少面部表情，也会尽量减少各种手势和接触，也很少移动四肢。当人们讲真话时，他们会尽力确认对方能否听懂他们的讲述，他们会用各种手臂动作和面部表情加以强调。而说谎者的表现则完全不同。一个FBI讲述了这样一个案例：一位妇女报案说，她带着自己六个月大的女儿到沃尔玛超市购物，在超市停车场停完车后，女儿被劫持了。这位FBI仔细观察着她的一举一动，发现了一些端倪。一位充满爱心的母亲在讲述可怕的劫持事件时应该会十分焦虑，同时使用更多的说明性的、激烈的身体语言。而这个母亲在说话的时候十分冷静、谨慎，而且基本上没有手势和动作。她的不寻常举动引起了FBI的怀疑，经过再三讯问后，这位母亲承认了自己用塑料袋杀死了自己的孩子，然后撒了被劫持的谎言。一个人说谎时，大脑的边缘系统就会发生冻结反应，冻结反应限制人的动作，同时也揭露了人的谎言。

一般情况下，人在说话时，会使用身体的各个部位——眼眉、头部、手、手臂、躯干、腿、脚——来强调自己内心深处的感觉和情绪。强调行为受制于边缘大脑，当边缘大脑不同意人所说的内容时，人的强调行为就会减少，甚至消失。所以，说谎的人，他的边缘大脑不承认他所说的话，于是他就很少有强调行为。你很少会在说谎的人身上看到类似的动作：将身体倾向一侧，以表示对谈论内容很感兴趣；做背离重力的动作，如踮起脚跟，或者拍击膝盖，等等。说谎者少有动作，最常做的是一些慎重的动作，例如，用手指触摸下巴、摸脸颊等，看似在思考自己说的话。有些说谎者也会故意做一些强调动作，但是他们的强调行为看起来会很不自然或不合拍。

说谎者为了掩饰自己的谎言和紧张心虚的情绪，就会尽量减少面部表情和身体语言，但是掩饰就是矫饰，越无动作就越会暴露真心。

掩面或摸鼻子，可能在说谎

美国前总统尼克松被迫下台之前，议会对“水门事件”展开了调查，当时他正在国会接受审问。在审问期间，人们惊奇地发现，他经常会出现一种非常明显的惯性动作——不断地用手触摸自己的脸颊和鼻子。

克林顿性丑闻事件，一度传得沸沸扬扬。美国神经学者、精神病学者曾对克林顿向陪审团陈述证词时的表现做出较为深入的分析。结果，他们发现，克林顿在说话时，有时显得十分坦诚，没有小动作，有时却眉头轻皱，并触摸自己的鼻子。经过统计，克林顿在陈述期间曾经摸过 26 次鼻子。

在谈话过程中，用手掩面或摸鼻子的人，就好像在说:“我不想听你说这些，我不想再谈论这个话题了。”正是因为他心中常有不为人知的隐情，感到非常焦虑，从而不停地用手触摸脸部。频繁用手掩面或触摸自己的鼻头，是最常见的说谎动作。这些手部动作起着遮掩的作用，是说谎者在潜意识里企图隐藏真相。

触摸鼻子的动作，可能是在鼻子下面轻轻地抚摸几下，也可能是很快，几乎不易察觉地触摸鼻子一下。一般来说，女性在完成这一姿势时，其动作幅度要比男性轻柔、谨慎得多。研究表明人们在说谎的时候，其身体会释放出一种叫作“儿茶酚胺”的化学物质，这种物质会使说谎者鼻子的内部组织发生膨胀。与此同时，一个人撒谎的时候，其心理压力会陡然增大，血压也会迅速升高，这样鼻子就会随着血压的上升而增大，这就是所谓的“皮诺曹的大鼻子效应”。血压的上升使得鼻子开始膨胀，鼻子的神经末梢就会感到轻微的刺痛。不由自主地，说谎者就会用手快速地触摸鼻子，为鼻子“止痒”。

此外，当一个人感到紧张、焦虑，或是生气的时候，鼻子也会肿胀，他也会不由自主地触摸鼻子。而且，现实生活中的确存在鼻子真正发痒的情况，那该如何去判断此人是真的鼻子痒还是在掩饰谎言呢？很简单，当一个人鼻子真正发痒时，他通常会用手揉鼻子或是用手挠来止痒，这和说谎时用手轻轻、快速地触摸一下鼻子是不同的。

同用手触摸鼻子的姿势一样，人可以用手捂嘴来掩饰他的谎言。用手捂嘴是触摸鼻子这一姿势的“变异”，相比于用手触摸鼻子，它更容易被发现。当负面或不好的思想进入人的大脑后，大脑就会下意识地指示手赶紧去遮住嘴，但是，有些人怕这一动作太过于明显，手迅速离开脸部，去轻轻触摸一下鼻子。

用手捂嘴是一种明显未成熟，略带孩子气的动作，很多小孩尤其喜欢使用此种姿势，当然，一些成年人偶尔也会使用此种姿势。一般来说，使用此种姿势的人会在自己说完谎话后，迅速用手捂住嘴，同时用拇指顶住下巴，让大脑命令嘴不要再说谎话。有些时候，某些人在做这一姿势时，仅会用几根手指捂住嘴，或是将手握成拳头状，放在嘴上，但其蕴含的基本意义是不变的。还有一些人则会借咳嗽的动作来掩饰其捂嘴的动作，以分散别人对自己的注意力。

需要注意的是，不时用手接触口鼻虽然是一个人说谎时最可能用到的姿势，但这绝不意味着只要一个人做出了这些动作，我们就可以立即断定他在撒谎。比如，某人说话时，之所以会捂住自己的嘴，是因为他有口臭，如果我们据此就认为他在撒谎，肯定会伤害到对方的。再如，当一个人陷入沉思时而做出以上动作，通常只是表示他完全沉浸在自己的思考当中。

突然提问，说谎者脸上就会露馅

在判断一个人是不是撒谎的时候，可以采取一种突然发问的方法。之所以这样做，就是为了让撒谎者措手不及，并在慌乱中露出马脚。这种办法在应对撒谎者时能够达到非常好的效果，也往往能够在对方的口中套出实话。

某地一家银行300万美元的现金不翼而飞，这在美国引起了轩然大波，同时也惊动了美联储，美联储希望国际刑警尽快破获此案。国际刑警接到报案后就开始对这起案件进行调查。银行丢失了这么大一笔现金，引起了很多人的议论，很多人都认为银行的保卫措施是非常好的，丢失现金的事情几乎是不可能的。大家的议论让国际刑警意识到作案人员可能是公司内部人员。

国际刑警随即调取了银行的监控录像，但是并没有获得多少有价值的信息。之后，国际刑警又对该银行的所有工作人员进行了盘问，但是仍旧没有得到有价值的信息。此时国际刑警意识到，这起案件的作案者一定是一个非常厉害的角色，因为他没有给调查人员留下任何有价值的信息。国际刑警也认识到了办案的艰难，但是，这动摇不了他们将罪犯绳之以法的决心。

国际刑警认为，最有可能的犯罪分子还是银行内部人员，因为只有内部人员才能无声无息地拿走这笔钱。国际刑警接到银行方面打来的电话，说是银行的防盗系统在不久前进行了一次维修，但是维修之后，负责维修的工程师就不见了。

获得此信息之后，国际刑警认为，这个工程师有最大的作案嫌疑。所以，他们火速赶往这个技术工程师的家中，对其展开了问讯。技术工程师对国际刑警的到来表现得非常冷静，国际刑警并没有直接质问对方是不是盗窃犯。而是聊起了计算机技术，国际刑警说："您是银行监控设备和监控系统的专家，那可是一个高深的技术行业，您可真了不起。"工程师见对方并没有质问自己，就以为自己作案的事情没有暴露，于是他扬扬自得地说:“不谦虚地说，我在这方面的技术是相当好的，在这个城市里没有人能超过我。”正在工程师扬扬得意之时，国际刑警突然发问说:“银行丢失的 300 万美元是你干的吧？”工程师立刻就愣在了原地，支支吾吾地说:“不……是……，不是……我……”国际刑警知道眼前的这个工程师在撒谎，没等他再次开口便继续说:“你对银行监控设备和监控系统十分精通，但是你利用手中掌握的技术做了违法的事情，你是负责银行监控设备更新的，也就是在这个过程中，你弄清了所有监控设备的位置，所以在你偷盗之前，你关掉了所有的监控设备，之后就轻而易举地拿走了 300 万美元，是这样吧？”

国际刑警说完所有的话，这名技术工程师愣在了原地，只好老实交代了事情的来龙去脉。

案例中的国际刑警在审问工程师的时候，并没有选择开门见山的方法，而是采取步步推进的办法，国际刑警首先弄清对方是真正的银行监控设备和监控系统专家，然后是一番夸赞。工程师在夸赞下忘乎所以，放松了戒备。但是让他没有想到的是国际刑警会突然提出了一个问题，这个问题让他措手不及，慌乱之中露出了马脚。国际刑警如此长驱直入，工程师做出的任何反抗都显得微不足道，最后不得不乖乖交代自己犯罪的事实。

突然提出一个问题是国际刑警经常使用的获得实话的办法，国际刑警审讯专家提拉克说:“我们可以趁犯罪嫌疑人不注意时，提出一个他们事先没有准备好的问题。这样他们就会变得慌乱，慌乱之后就会老实交代自己的事情。”所以，识破谎言不但可以用观察来判断，还可以用话语。办法就是在对方戒备松懈、毫无准备的情况下，突然向对方提出一个关键问题，打对方一个措手不及。这样就能让对方露出马脚，谎言也会因此而被轻松识破。

一个人只要犯下了罪行，就必定会把自己做过的事情隐藏起来。虽然，很多人都善于掩饰，但是再善于掩饰的人也会露出蛛丝马迹。特别是在被人问到这方面的事情的时候，因为做贼心虚，所以他们内心隐藏的东西会在他们的身上得到展现，这些展现包括语言上的、表情上的、动作上的。在面对这些人的时候，一个有效的方式就是突然提出一个问题。

在运用这种战术的时候，开始时千万不要过于直露心迹，将自己要达到的目的先隐藏起来。然后，与对方闲聊一些无关的话题，这样就会使对方在毫无防备的状态下进入我们的圈套，从而成功迷惑住对方。等到时机成熟的时候，突然转变态度，发动袭击，再突然提出一个问题，这样就能轻松制伏说谎者。

说“没有”伴随轻点头是撒谎

当一个人说真话时，他会表现得比较舒适；当一个人说谎或担心被别人发现时，他会有些不舒适。当人感到舒适时，他的行为和语言就会产生同步性。当人们感到不舒适时，他的行为就会与语言不协调，甚至相悖。

当一个人以肯定的口吻真实地回答问题时，他应该做出同步动作。比如，当一个人一边说“我没做过这件事”，他一定会一边摇头表示否定。而当一个人被问道：“你是不是说谎了？”他一边说“没有”，一边轻轻地点了一下头，心口不一的举动证明了他正在说谎，当他意识到自己的错误举动时，他会立刻调整自己的行为，会立即摇摇头，试图挽救些什么。这被称为“非同步行为”。非同步行为出卖了一个人说的话，当你看到对方的非同步行为时，他说的话你要注意听了。

有一个案例：在美国犹他州发生了一个灭门案，包括妻子、儿子、岳母、岳父、小姨子在内的一家五口人全部遇害，丈夫报案说自己出差一个星期回来后，就发现自己的家里全是血，家人们都被人用刀杀害了，全都倒在血泊里。警察展开了一系列调查，一直没有找到可疑的嫌疑人，但是，他们从一个小细节中发现了端倪。警察在询问丈夫是否爱妻子时，丈夫肯定地说：“当然爱，我非常非常爱我的妻子。”但是，他却不自觉地在摇头。警察又接着询问他：“你知道妻子是什么时候遇害的吗？”他一边说着不知道，一边竟轻轻点了一下头。办案警察立马看出他在撒谎，对他进行更进一步的追问，最终，他承认了事实：他和妻子关系很恶劣，妻子背着他在外面与别人鬼混，他知道后和妻子大吵，两人发生肢体冲突后，他失手将妻子杀死，其后，他竟丧心病狂地把儿子也杀了，因为他觉得孩子不是他亲生的。另外，和他们住在一起的岳父岳母还有小姨子看到了这一切，他于是便把他们全部杀了以灭口。之后，他伪装了现场，清理了自己的指纹，伪造了自己出差的局面。布下一个完美的局，他以为自己可以逃之夭夭，但却没想到自己的非同步行为竟然出卖了自己。

说谎的人不会过多考虑同步性，大多数情况下，他们的非语言行为会出卖他们。

突然放大的瞳孔揭示隐藏的谎言

人类瞳孔的变化是不由人的主观意志控制的，完全是下意识的反应，因此可以真实地反映人的情绪变化。前面已经提到，人的瞳孔会随着情绪的变化而相应地放大或缩小。无论说谎者的演技多么高超，他也无法掩盖这一点。瞳孔的这种变化是人无法控制的，因此只要我们留意观察对方的瞳孔，就能断定他是否在说谎。

当我们对眼前的事物或者谈话内容感兴趣的时候，瞳孔就会放大。如果一个人的瞳孔变化和他试图表现出来的情绪不相符，那么就可以怀疑他所说的真实性。警察在询问嫌疑人时经常会用到这个方法。例如，警察想要知道嫌疑人和另一名疑犯是否相互认识，会把许多张照片一张一张地给嫌疑人看，其中只有一个是目标人物，嫌疑犯看到目标人物的照片时，瞳孔会突然放大然后恢复，警察如果能够观察到这个细节，基本上就可以下结论了。

关于瞳孔与谎言的关系，俄国有一个故事。一个叫卡莫的俄国人在国外被警察抓获，沙皇政府要求引渡他。卡莫知道，一旦他回到俄国，无疑将面临死刑。于是他装成疯子，企图以此逃过惩罚。他的演技骗过了一位又一位经验丰富的医生，最后他被送到德国一个著名的医生那里进行鉴定。这位医生把一根烧红的金属棒放在他的手臂上。为了逃避惩罚，卡莫忍受着巨大的疼痛，没有喊叫，也没有露出任何痛苦的表情，但是他的瞳孔因为痛苦和恐惧而放大了。聪明的医生看到了这一点，完全明白了他不是丧失了知觉的疯子，而是一个正常人。

可见，演技再高超的骗子也无法控制自己瞳孔的大小变化。故事中的医生正是利用瞳孔与恐惧情绪之间的联系发现了欺骗者的破绽。反过来，人们也可以利用瞳孔变化与兴奋情绪之间的联系来识破谎言。

第二次世界大战期间，盟军反间谍机关抓到一个可疑的人物，此人自称是来自比利时北部的"流浪汉"。这位"流浪汉"的言谈举止十分可疑，眼神中露出一种机警、狡黠，不像普通的农民那么朴实、憨厚。法国反间谍军官吉姆斯负责审讯此人，吉姆斯怀疑他是德国间谍。

第一天，吉姆斯问这位"流浪汉"："你会数数吗？""流浪汉"点点头，开始用法语数数，他数得很熟练，没有露出一丝破绽，甚至在德国人最容易露馅的地方也没有出错，于是，他过了第一关。

吉姆斯设计了第二招，让哨兵用德语大声喊："着火了！"然而"流浪汉"似乎完全听不懂德语，一动不动地坐在椅子上，脸上也没有任何表情。吉姆斯心想，这个间谍果然不简单。

吉姆斯冥思苦想，想出了一个特别的办法。第二天，士兵将"流浪汉"押进审讯室，他依然是一副无辜的样子，十分冷静。吉姆斯看见他进来，假装非常认真地阅读完一份文件，并在上面签字之后，故意用德语说："好啦，我知道了，你的确就是一个普通的农民，你可以走了。"

"流浪汉"一听到这话，误以为他骗过了吉姆斯，不自觉地卸下了防备，于是抬起头深深地呼吸，瞳孔突然放大，眼睛里闪过一丝兴奋。吉姆斯从这短暂的表情中看出了端倪，看来这位"流浪汉"确实会讲德语，而且之前一直是在伪装。吉姆斯抓住这个细节，对"流浪汉"进一步审讯，终于揭穿了他的谎言。

总之，瞳孔放大必然和恐惧、兴奋等情绪有联系，即使对方的身体一动不动，一言不发，仅从瞳孔的变化也可以发现他企图掩藏的情绪，从而揭穿其谎言。

眼睛动作隐藏的心理

神经科学的研究告诉我们，当我们思考时，大脑中的不同区域会被激活，导致眼睛向不同的方向运动。眼睛向左上方看时，表明大脑正在回忆过去的情景或事物；眼睛向右上方看时，表明大脑正在想象一幅新的画面；眼睛向左下方看，表明大脑正在回忆某种味道或感觉；眼睛向右下方看，表明正在感受到身体上的痛苦。也就是说，眼珠转动的方向会暴露我们的思想。借助这个线索，我们可以从对方眼睛运动的方向来判断对方是否在说谎。

具体来说，眼睛向左上方看，意味着大脑正在搜索记忆，所说的是真话； 眼睛向右上方看，意味着大脑正在创建想象，所说的就是谎话。如果你周一早上问你的同事周末是怎样度过的，对方回答：“带儿子去游乐场了。”此时，如果他的眼睛向左上方看，说明他脑海中正在浮现昨天和儿子在游乐场玩乐的情景，并没有撒谎。而如果他的眼睛向右上方看，则说明游乐场一事只是他临时编造出来应付你的谎言。

人们在思考时，眼睛的运动方向是由大脑内活动的区域决定的，很难人为控制，因此，观察眼睛的运动方向来判别谎言不失为一个很好的办法。不过，为了确保判断的准确性，使用这个方法还有三个很重要的注意事项。

1. 事先编造好谎言的人眼睛不会转动

眼睛的转动必须和相应的思维活动相联系才有意义，如果人们已经事先准备好了一套说辞，就等着你问他了，那你就不会看到他的眼睛运动有什么不同。因为即使谎言是虚构的，此时也变成了一种记忆。因此，只有在人们没有准备的情况下，一边说话一边构造谎言的时候，才能采用这种方法来判别。

2. 眼睛解读线索并不适用于所有人

专家总结了大多数人的眼睛运动方式，但它并不适用于所有人，现实生活中总是存在着许多例外情况。例如，惯用左手的人眼睛转动的方向可能正好相反，往左上方看不是回忆而是编造谎言的表现。为了确保判断的准确，可以先提一些试探性的问题，找准对方眼睛转动的规律。例如，你可以先问对方："你觉得二十年后你会是什么样子？"这是一个关于想象的问题，仔细观察可以确定他在创建想象时眼睛转动的方向，然后就可以进行正确的判断了。

3. 眼睛左右迅速运动的人可能在快速思考

一个人出现眼睛左右迅速运动的情况时，我们不能理解为这个人一会儿在回忆过去，一会儿在想象未来，他可能正在进行快速忙碌的思考。辩论赛上的辩手，他们的眼球就是这样运动的。此外，当一个人处于紧张、不安或者心怀警戒的时候，其眼球也会左右快速运动。这是因为他希望扩大自己的视野，将眼前的形势把握住，试图稳定自己的心情。

识别真实表情揭穿谎言

人的面部表情可以说实话也可以说谎话，而且常常是在同一时间内既说实话又说谎话。在社会生活中，人们时常利用面部表情来作为掩饰和伪装其真实思想感情的“面具”。例如，因违章而受到交警训斥的司机为了避免把事情搞得更糟，往往故作笑脸，表现得服服帖帖；一对正在家中赌气的夫妻，一旦有贵客来访，便会装出没事的样子，笑脸相迎。

可以说，脸部是说谎者最容易作伪的部位，这给判断一个人是否有诚意带来了麻烦。然而，面部表情中总有一部分是人为无法控制的、情不自禁流露出来的，例如，面颊肤色的变化、表情持续时间的长短。也就是说，我们可以通过识别对方脸上掩饰不住的真实表情来揭穿谎言。

1. 面颊肤色变化

人面颊的颜色会随着情绪的变化而发生相应的变化。面颊肤色的变化是由自主神经系统造成的，是难以人为控制或掩饰的。但也可能他所要隐瞒的正是羞愧或惊恐本身。

最明显的是变红和变白。人们最常见的面颊变红经常出现在害羞、羞愧或尴尬等情形中，脸红也是愤怒的表现，愤怒时，面颊瞬间转为通红而不是由面颊中心慢慢扩散开来。当愤怒中的人们想极力抑制自己的怒气和克制自己的攻击性冲动时，其面颊肤色会变得苍白，当人们处于惊骇的情绪状态下，面颊肤色也会变得苍白。

2. 表情持续的时间

表情持续的时间长短也可反映出说谎的印迹。它具体包括以下三个方面：表情的停顿时间、起始时间（表情开始时所花的时间）和消逝时间（表情消失时所花的时间）。

停顿时间长的表情很可能是假的，比如，10 秒钟或 10 秒钟以上的时间，甚至停顿 5 秒钟的表情也可能是不真实的。除了那种极其强烈的情绪感受，比如欣喜若狂、勃然大怒、悲恸欲绝等，自然的表情都不会超过 4 ～ 5 秒钟。而且，即使是非常激动的情绪，其表情也不可能持续太久，而是一阵阵地、短暂地出现。只有象征性表情和嘲弄式表情是长时间存在的。

表情的起始时间和消逝时间，长短是没有固定标准可言的，如果惊讶的表情是真的，则可能起始时间、停顿时间与消逝时间都很短，加起来还不到 1 秒钟。

如此看来，尽管骗子很懂得心理学，又很会演戏，巧舌如簧，能把稻草说成金条，把死人说活，把活人说死，伪装得几乎滴水不漏，但是，假的毕竟是假的，只要你注意观察，细加分辨，就会发现，即使在他们精心编织的谎言下，仍有大量的破绽和堵不完的漏洞，任他怎么遮掩也遮掩不住。识破谎言的另一个原则就是认清对方的目的，弄清楚他的目的，任他变换什么花招，都可以应付自如而不至于上当受骗。

假笑，是在演戏

谎言往往伴随着虚假的笑容，我们形容一个人阴险虚伪的时候，喜欢用一个成语，那就是“皮笑肉不笑”，它就像我们拍照时喊的“茄子”一样都属于假笑的一种典型，很容易被看出来。而在平时的生活中，如何区分和我们打交道的人是真笑还是假笑呢？

当人们假笑时，只会在嘴的四周出现细纹，而当一个人发出真心的灿烂笑容时，眼角和嘴角都会浮现出细细的纹路。

要知道为什么脸部纹路成为真笑与假笑的区别之处，就要先知道人的笑容运作的科学道理。人的笑容是由两套肌肉组织控制的：以颧肌为主的肌肉组织可以控制嘴巴的动作，使嘴巴微咧，露出牙齿，面颊提升，然后再将笑容扯到眼角上；而眼轮匝肌可以通过收缩眼部周围的肌肉，使眼睛变小，眼角出现皱褶。

我们的意识可以控制以颧肌为主的肌肉组织。也就是说我们自己可以命令这部分肌肉运作，即便我们的内心没有感觉到愉快，也能制造出嘴部的笑容。而眼部周围的眼轮匝肌的收缩却是完全独立于我们意识之外的，我们不能自主控制。只有内心真正的愉悦才能激发它的运作。所以在一张不真诚的笑脸上，细纹只会出现在嘴的四周。

不过，在某些夸张的假笑中，眼睛周围同样会出现细纹，因为颧肌肌肉群的完全收缩可以导致眼轮匝肌的收缩。当颧骨处的肌肉收缩至一团时，眼部四周会因为颧肌的挤压而产生细纹，看起来就像是真笑。这个时候你可以观察对方的眉毛部分。因为开心而面露笑容时，眉毛与眼睑之间的部分眼皮会向下移动，而眉尾也会随之微微下沉。

就像善意的谎言一样，善意的假笑也并不是没有一点可爱之处。我们不必把打击假货的精神也统统搬到对笑容的辨析上。现实生活中绝大多数人都无法准确地区分真笑与假笑，而且只要看见有人冲我们微笑，我们大都会有一种满足感。既然有了这种满足感，我们也就不必每时每刻都去深究对方的笑容是真是假了。

总之，我们应该多露出真诚的笑容，但是真诚的笑容也是可以“练习”出来的。这里所说的“练习”并不是前面所说的假笑，因为人类在笑的时候，不管开心与否，我们左半脑里的“快乐空间”都会感到兴奋，相应地，脑电波也会变得活跃。如果经常练习去笑，渐渐地这种笑容就会越来越真实，因为它已经变成发自内心的笑了，所以人也会变得爱笑了。

虚假的笑容是最常见的假表情，笑容具有极强的感染力，也有极大的欺骗性，虚假的笑容有时甚至比恶语相向更有杀伤力，因为它戴着善意的面具，因此很难察觉。除了观察眼部周围的肌肉之外，虚假的笑容也可以从以下几个角度来分辨。

1. 笑的幅度

笑时只运用大颧骨部位的肌肉，只是嘴动了动。眼睛周围的轮匝肌和面颊拉长，这就是假笑。因此假笑时面颊的肌肉松弛，眼睛不会眯起。狡猾的撒谎者将大颧骨部位的肌肉层层皱起来以弥补这些缺憾，这一动作会影响到眼轮匝肌和松弛的面颊，并能使眼睛眯起，从而使假笑看起来更加真实可信。

2. 笑的时长

假笑保持的时间特别长。真实的微笑持续的时间只能在 2 ～ 4 秒之间，其时间长短主要取决于感情的强烈程度。而假笑则不同，它就像宴会后仍不肯离去的客人一样让人感到别扭。这主要是因为假笑缺乏真实情感的内在激励，所以我们就不知道何时将其结束。其实，表情如果持续的时间超过 10 秒钟或 5 秒钟，大部分都可能是假的。只有一些强烈情感的展现，如愤怒、狂喜和抑郁除外，而这些表情持续的时间常常更为短暂。

他总是会用食指抓挠脖子侧面位于耳垂下方的那块区域，而且通常会抓挠五次。他们在担心谎言被识破或者感觉到听话人的怀疑时，升高的血压会使他们的脖子不断冒汗，所以，他们还会频频拉拽衣领。

用手触摸五官、颈部的身体语言，可以被当作测量他人撒谎与否的测谎仪，不过，也不能把它当作唯一的标准，必须全方位分析对方的话语和其他身体语言，综合考量后，才能做定论。

第三章

观人细微表情，探透复杂内心

爱撇嘴唇，内心多傲慢

我们通常都会习惯性地认为撇嘴唇是在表达不满或者轻蔑。这里所说的撇嘴唇与孩童经常使用的噘嘴唇不一样。孩童们在愿望没有得到满足时会把嘴唇噘起来，显得嘴唇很厚。而撇嘴唇则是收缩唇部肌肉，使得唇形更小。在这个过程中，嘴角也会轻微下垂，显出轻蔑的神情。

做出这个动作的人可能不太认同对方的意见，或者根本就瞧不起他。爱做这个动作的人又通常是内心很傲慢的。当他把自己看得很高时，就会不自主地看低其他一切东西，这种动作也就出现在他的身体语言上。

身体语言学家皮斯夫妇曾在他们的著作中谈到傲慢者撇嘴唇的可能根源，据说英王亨利八世有一张小巧的嘴唇，而在每次宫廷画师为他画像时，他都喜欢撇上嘴唇，如此一来，他的嘴巴看起来就显得更小了。在16世纪的英国，国王的这一习惯使得小嘴巴成了当时一种高贵身份的象征，而在民间引发了模仿的热情，大部分贵族都会用这一表情来表明自己的地位。久而久之，这种表情被认为是贵族专属。而今时今日，许多英国人和美国人仍然在使用它，当他们感到被地位低于自己的人所胁迫时，英国人仍然会用撇起嘴唇的表情来表示心中的不满。撇嘴唇的动作在英国人当中十分常见。他们这样做是为了较好控制脸部肌肉，从而减少面部表情，尽可能地不将所有的情绪都写在脸上。英国人的这一面部动作很容易给人留下冷静、情绪内敛的印象。

歪脑袋、脖子的心理

歪着脑袋，倾斜脖子的动作除了表达恭顺，在不同情况下也可能有其他含义。比如谈话中，你发现对方微微倾斜头部，用一种仰视的视线看你，那么对方很可能是对你的观点和意见发生了兴趣，于是用这个方式仔细地听你继续谈话。

知道了歪着头的这个意思，演讲者可以在发表演说时用心在观众当中搜寻这一头部倾斜的姿势。如果能看到有观众歪着头，或者还做出了用手接触脸颊的思考手势，那么就证明你的演讲对他发生了影响，他认为这些内容很有说服力。这个动作的这层含义很可能是由它的恭顺本义所引发的。潜意识里，观众因为想听到更多的内容而对演说者表达了恭顺之意，以此希望对方更坦诚地说话。

看看女明星的海报造型，很多都歪着脖子，露出光滑的脖颈。这个姿势凸显了她们温顺、性感的女性特征，借此吸引男性。对于男性来说，一个毫无威胁感并且看起来非常温顺的女人是极具吸引力的。玛丽莲·梦露就有很多这样的造型照，看来她是深谙此道的。

眉毛高挑未必桀骜

印度诗人泰戈尔说过:“学会了眼睛的语言，在表情达意上是无穷无尽的。”而眼睛的语言除了瞳孔大小的变化外，还包括眼睑和眉毛的变化。

一个人的眼睑可以有23种不同的开闭方式，睁大双眼、睁一只眼闭一只眼、眯着眼，都可以表现不同的神态情绪和心理。眉毛的变化则更多，有将近40种，比如双眉竖起、双眉倒挂、眉飞色舞等。

我们这里要重点说一说女性高抬的眉毛。在男性的身体语言中，高挑的眉毛是一种示威的表情。我们在西部片中就经常看到牛仔用这种高挑的眉毛警告对手，“我已经在注意你了，你最好小心点。”而我们经常在海报上看到的女明星的高挑眉毛则显然没有示威的含义。女性抬起的眉毛可以传达出这样一些信息，首先抬高眉毛时，眼部轮廓也跟着扩张，会使眼睛看起来更大。当然这里的大眼睛也与男性瞪大眼睛不一样。另外，有些女性喜欢用抬高的眉毛和微闭的双眼展现出一种睡眼惺忪的模样，显得楚楚动人，这显然是在向异性传达爱意。

目光投向区域所折射的心理

一般来说，目光的落脚点不同所反映的心理也会不同。

1. 对方眼睛以上的额头区域

把目光投向对方的这个区域，会让你的目光变得很有威严感，让他人感觉到你的威严和可信。因为你的视线可以凌驾在对方视线之上，也就是我们常说的“高人一等”的感觉。你的这种注视让对方觉得你似乎对他有些轻视，或者觉得你的优越感甚强。这样的心理会让他感觉不舒服，而你们之间的气氛就会突然变得严肃起来。如果你的职位高于对方，这样的视线投向还不会让对方特别反感，但如果你对同事或者上司使用这种目光投向就会让对方对你产生极为不满的态度。

2. 对方的下巴以下甚至更低的区域

这个区域所汇集的目光通常会很暧昧，所以最经常见于男女之间。通常能够突出性别区别的部位就在这个区域中。人们通过迅速的视线扫描后才会把视线转移到对方的脸上，因为他要首先确定你的性别。特殊场合，如宴会、酒吧里，单身男女想要寻找另一半，这样的目光区域并不会引发反感，如果对方对你有意也会把视线投到你身上相同的区域。

3. 对方的眼睛和嘴巴组成的三角区域

这个区域是普通社交活动中人们目光投向的基本区域。专家曾做过实验，证明在普通的社交活动中，人们大约有90%的时间里目光都停留在这个三角区域。所以，我们在一般的社交活动中会自然而然地注视交谈对象脸上的这个区域，对方的视线也落在我们脸上这个部位。所以，这样的注视是最普通和平常的，双方都会感到很安心。

因此，一般的交往中将你的目光投向对方面部的这个区域，你们的谈话就能够顺利进行。

如果你是一个高层管理者，但却缺乏震慑力，这样的注视可以帮助你树立权威。另外这种注视也可用在你将受到别人的攻击时，死死盯住对方的眼睛不眨眼，同时把眼皮压得很低，视线尽量集中在对方的眼睛上。这种目光一定会令对方感到害怕，事实上肉食动物在袭击猎物前就是使用这种眼神。

摇头不都是否定

并不是所有情况下的摇头都是消极否定的意思。我们在这里要老话重提，要解开对方的身体语言密码，不能断章取义，一定要融入场景之中分析。北京奥运会开幕式后，很多人面对着那些构思奇巧的编排设计，张开了嘴，并且做出了摇头的姿势。这里的摇头所代表的并不是“很一般，不怎么样”的意思，而是“天哪，没想到会这样精彩”。这个时候的摇头是对自己当初想象力的一种否定，但对对象事物来说就是一种惊叹和赞许。

再换一种场景，摇头又可以表示其他的含义。比如，年幼的小孩子望着病重的宠物狗哭泣，母亲走过来安慰他。在最后便会用微微的摇头来表示“已经无能为力了”。我们经常在电视画面上看到这样的镜头：医生走出急诊室，对着等候在外面的家属做出这个动作。虽然具体的信息还没有获知，但是家属们立马就明白里面发生了什么，继而号啕大哭。所以，这里摇头也是对自己能力的一种否定，而展现给对方的就是无奈和遗憾了。

摇头可以表达出很多含义，但其中大部分都包含着否定的意思。这跟点头表示肯定一样，全球通用。不过也有例外，保加利亚人就用摇头来表达肯定的态度。

这种奇特的肯定姿势还曾引起了混乱。19 世纪时，俄国士兵暂时占领了保加利亚。俄国人用摇头来表示“不”，所以他们很难理解当地人用摇头来表示“是”。为了不引起争端，俄国人开始训练自己遵循当地习俗，用摇头来表示“是”。过程自然是很艰难的，最终大家都掌握了这一套新规矩。结果保加利亚人却不知道俄国人究竟是在使用他们的一套语言还是换了动作，于是所有的头部动作完全失去了信息传递功能，沟通陷入了混乱与僵局。

现在国际交往日益频繁，了解不同文化下的某个姿势的特定含义可以促进交流。

我们也有必要掌握一些别的国家的常识性动作含义。除了保加利亚，印度也用摇头来表示肯定。中国老师遇到印度留学生，问："这个会了吗？"印度学生频频摇头，于是老师不断地重复。这样的麻烦在懂得了印度人摇头的含义后就不会发生了。

双手托腮有时是厌烦

女性面对心仪的对象时，可能会出现这个动作：用双手托住头。如果你是一个会议的发言人，当你在滔滔不绝的时候发现有的与会者把双肘支撑在桌子上，把头撑在手掌上。但并不是用交叠的手背做出托盘式姿势支撑头，而是用双手手掌托着自己的下巴。那么你千万不要觉得对方是在对你表达仰慕或者恭维，这是他已经厌烦了你的讲话，甚至有了几分倦怠，所以用手撑着头，以免自己倒头就睡。

托盘式姿势和双手托腮的姿势，除了手心的朝向不同，它们所用到的力度也不同。托盘式姿势看起来是用手背托着头，但为了突出脸部线条的女性是不会使用很大的力度的，她们的下巴只是轻轻贴近手背，避免挤压而破坏脸部轮廓。而双手托腮就不同了，动作者的目的是不让疲倦的大脑陷入沉睡，而用手托住。这时，头部重量是完全压在手掌上的。这也是常见的休息姿势之一，总之，它所表明的就是动作者不想参与到与你的沟通之中。

第四章

手足连心，举手投足皆透心

左右脑主控下的惯常手脚动作

如果一个人生活中多愁善感，喜欢以自己的喜怒对待周围的事物，我们说他是一个感性的人；如果一个人对事客观，遇事冷静，我们会说这是一个理性的人。其实，除了平时的处事方式，我们还可以从人们的双腿上看出这个人的性格特点。

科学家研究发现，人的大脑右半部支配着人体左半身的活动，负责管理音乐、声音、色彩、想象等认知，一般被称为感性脑；而左脑则被称为理性脑，它支配着人体右半身的活动，负责理性思维、分析、文字、推理、判断等事项。而右脑左脑何者占优势，则明显表现在我们的肢体动作上。

经研究发现，人们走路时的迈腿习惯透露着人们感性或理性的性格，习惯先迈左腿的人，通常是右脑（感性脑）为主导，他们的肢体动作较温和，他们善良、热情、比较有耐心，会主动帮助别人。而习惯先迈右腿的人，以左脑（理性脑）占优势，他们的动作较强势，凡事重逻辑，遇到事情倾向于反复思考、比较后再做决定。

小林在一家超市卖保暖内衣。这天，来了一个女孩。她跨出左腿，兴冲冲地奔向保暖内衣展柜，拿起保暖内衣的手也是左手。这一切都被小林看在眼里，她没有急着介绍产品的质量，而是说："这个衣服是灰太狼的图案，穿上很有活力。"得知女孩是给男朋友选内衣，小林又提议女孩选个情侣款，她说："你穿上红太狼的衣服，既有趣又温馨，还能让你男友体会到你的爱……"最后小林卖出了两件高档保暖内衣。小林很关注购物者的身体语言，她总是变着法去猜透购物者的心思。这不，又来了个老大妈，她冷静地站在内衣展柜前，用右手翻看着内衣的标签，她的双脚交叠，右脚在上。小林面带微笑地走过来，说："这件衣服是百分之百纯棉的，如果大小不合适，我们包退包换。"……

从例子可以看出，小林是个成功的导购，她关注购物者的身体语言，并且会随机应变地应用到销售技巧里。她看准了哪些人需要感性诉求，哪些人需要理性说服，这样的技巧使她屡试不爽。其实，生活中还有很多鲜活的身体语言向我们展示了左右脑主控下的惯常动作的含义。现在，让我们一起来看看吧！

1. 浪漫的左撇子，健忘的右撇子

如果你的交流对象是个左撇子，你可以感受到他的浪漫。惯用左手的他很容易接受抽象概念，他容易受到影像、声音、人物的影响，大脑的注意力广而分散。他的记忆力也不错，在听你说话的时候他甚至能把你的话前后对比，来确信你是不是前后矛盾，所以有人说不要欺骗左撇子。能让左撇子感兴趣的事，大多是感性或图形化的，他喜欢心灵相通的浪漫情境。反之，如果你的交流对象是个右撇子，即惯用右手的人，你会感觉到他很理性，很注重逻辑性，甚至会专注于你所说的每一句话，以便于细细推敲你的话。由于他的用脑特点是将看到或听到的信息、画面等，以理性方式记忆，所以相当花时间。例如，他看到一瓶橙汁时，会这样转换："这是一个透明的塑料瓶，有 500 毫升，装着有果肉的橙汁。"由于他的记忆容量不大，所以他的记忆力不好，有时甚至有严重的健忘。

2. 感性的左腿翘，理性的右腿翘

如果你和他人正在交谈，你发现他两腿交叠，左腿在上方，即左腿翘。你要理解，他更喜欢你在谈话中说点感性的话语。例如，"我们今天能碰在一起真有缘啊！""你看过动画片《蜡笔小新》吗？"……这些话题往往能引来他的滔滔不绝。反之，如果对方的右腿在上，即右腿翘，他往往会希望你多说一些理性分析的话题。他对数字比较敏感，也习惯用刻板的印象来判定事物，很容易产生先入为主的观念。

所以，我们可以把这些知识用在与人交流中，熟悉了人的左右脑主控下的惯常动作，我们既可以了解先迈右腿的人理性强势的一面，也可以用语言唤起左撇子感性的一面。这些习惯的动作往往是他们潜意识里最原始、最深层的想法。明白了他们的性格特点，

就能在接下来的互动中加以利用，尽量提一些他们感兴趣的话题，尤其是有求于他们的时候，这样我们达到目的的机会会大一些。

察腿观脚，识心的好方法

在看电视剧的时候，我们常常听到这样的台词：“你的嘴巴可以说谎，但是你的眼睛骗不了我。”通常我们都认为一个人的眼睛是最诚实的，它们能真切地表达出人类的心理感受，比如，喜悦、害怕、恐慌、自信等。但是，人类最诚实的部位并不是眼睛而是我们的腿和脚。

行为学家通过研究发现，人类大脑天生就有两种功能，即指挥身体去获取可以维持生存的物品和命令身体迅速离开它不想要的东西，而能帮助大脑实现这两大功能的就是人类的腿（这当然包括脚）。

正是因为如此，很多时候我们可以通过观察一个人使用腿脚的方式，就能知晓他现在的心理活动状况，也即他是要想离开呢，还是想留下来继续交谈，再或是有其他想法。把腿张开就暗示此人在心理上自认有优越感或是胸怀坦荡；而若是双腿交叉则表明此人具有较强的排外心理或者是较强的戒备心理。有些人紧张的时候或者是害怕的时候看起来似乎很镇定，其实他已经腿软了，他的脸平静可他的腿在发抖。

一个人腿的习惯性姿势除了可以反映他的心理情绪以外，还可以反映他对别人的真实态度。比如，当某个人犯了错误以后，其朋友、亲人，或是长辈就会劝其尽快改正自己的错误。在劝说的过程中，如果犯错误的人坐在椅子上双腿交叉，两只手紧紧扳起其中的一只腿，极有可能其朋友、亲人，或是长辈的苦口婆心是瞎子点灯——白费蜡，为什么这样说呢？因为被劝者坐在椅子上用腿摆放出来的是一种典型的拒绝劝说的姿势，其意思就是：你们尽管说吧，我的态度与我的身体一样，固定在这儿，不会改变一丝一毫。也许此时他的脸上表示的是很认真地倾听。再如，在宴会上，当某位女士与某位男士交谈一会儿后，发现和对方并没有什么共同语言，于是打算结束和此人的谈话。想想她会怎样做呢？一般来说，她会这样做，首先她会把双手交叉抱于胸前，再把双腿交叉在一起，同时把脚尖指向对方身体的左侧或右侧，然后似笑非笑地看着对方。此种情况下，那位男士多半会识趣地主动结束谈话。如果对方没有察觉到自己的这一举动，这位女士就会马上采取进一步的行动，把一只腿夹在另一只腿上，身体侧向一方，以此向对方表明：你想说就尽管说吧，我可不想听！看见如此明显的体语，那位滔滔不绝的男士肯定会安静地、悄悄地离开。

除了从腿和脚的姿势获得信息外，我们还可以从一个人平时的走路习惯上判断他的性格。走路缓慢踌躇的人，一般时间观念不强，他们不懂得去争取时间，因为他们没有足够的上进心。他们不光在走路时表现动作缓慢，在做其他事情时也是这样，总是一副不紧不慢的样子，让旁人看在眼里时总想催促他快些，再快些。他们总是在想："你管我是快是慢，不管怎样，我完成任务就行了。"并不去想什么时候能升职，什么时候能加薪之类的问题。他们懂得"知足者常乐"，不喜欢忙忙碌碌的生活。看别人为生活忙碌奔波，他们甚至还会不理解，会问："你们干吗把自己搞得紧张兮兮？"虽然他们没有进取心，但做起事来还是比较稳妥的，如果他们在事业上得到提拔和重视的话，肯定不是因为有什么"后台"，而是他们那种务实的精神给自己创造了条件。

走路连蹦带跳的人，一般是手舞足蹈、一步三跳且喜形于色。有时候人们有这样的反应，也有可能是听到了某种极好的消息，或得到了意想不到的、盼望已久的东西。他们城府不深，不会隐藏自己的心思，有时候他们也很喜欢表现自己，常常希望得到别人的赞扬和关注，希望自己成为朋友圈子里的核心人物。如果能有一些"抛头露面"的活动，他们一定会乐于参加并十分热衷。比如，一些舞蹈比赛啊、唱歌擂台啊，他们都会兴奋地参与，并且不会扭扭捏捏的，会十分放得开。他们知道如何取悦和打动观众和评委，通常能成为最后站在领奖台上的人。

走路文质彬彬的人，在面对困难的时候，能够保持头脑的清醒。他们不希望自己被带进任何有感情色彩的世界里，他们相信自己的理智，不希望被感性的东西左右自己的判断力和分析力。在别人面前，他们总保持着理性和自控的姿态，因此能受到别人的尊重。对待别人的夸奖，他们可以欣然接受，但不露声色。他们平时的言谈举止都会尽量温文尔雅，做事小心谨慎，绝对不会留给别人一种粗俗不堪的印象。

由此看来，一个人的腿比他的脸诚实多了，这也是信任度随着目光的上移而减少的原因。平时我们说“笑里藏刀”“强颜欢笑”“皮笑肉不笑”这些虚假的表情都是通过脸来完成的，而在危急的时刻，我们本能地逃跑则是由腿和脚带动我们完成的。所以“察腿观脚”是个识别人心的好方法，从身体最诚实的部位来推断一个人的喜怒哀乐，以及最真实的心理。

内心快乐，脚也会跟着颤抖

相信很多人都会有这样的经历：内心快乐时，脚也会跟着抖动，这样的脚被人称为：快乐脚。比如某次歌唱比赛上，2 号的选手被宣布直接过关。他的表情很淡定，上半身也表现得很镇定。但是他的腿和脚却乐疯了，它们在不停地摆动和颤抖。事后过关采访验证了他的快乐，他兴奋得变了声音，不住地说："太好了，感谢大家！"

大部分人对脚的动作不太关注，不会考虑伪装或掩饰。因此有人说双脚才是人身体上最真实的部分之一，它们能真实地反映人的感觉、思想和感情。在我们所处的环境中，背离重力作用的行为每天都会走进我们的视线。例如，观察一下你身边悠闲打电话的人，如果他在听完电话后，把本来平放在地上的一只脚换了一种姿势，他的脚跟还处于着地的状态，脚掌和脚尖却向上翘了起来，脚尖指向天空方向。不要以为这样的动作稀松平常，其实，这表示讲电话的情绪不错，他正听到或者讲到什么让自己非常高兴的事。他的身体动作分明散布着这样的语言信息：棒极了，简直太好了！这种动作代表的心理状态和向上跳跃、欢呼是相似的。让我们看看其他传达快乐情绪的双脚吧！

颤动的双脚：如果你发现一个人的双脚在颤动或摆动，甚至他的衬衫和肩膀也会随着颤动，这是他心情大好的标志，这些细微的动作正向你表明，他很轻松、愉悦、满足。很多人在听着美妙的音乐时会抖动双脚，也是这个道理。

把玩鞋子的脚趾：做这个动作的以女性居多，当感到愉快的时候，女性常常会把玩鞋子，她们有时候会用脚趾将鞋子挑起再放下，如此反复，或者将鞋子挑起来摇晃。

恋爱的幸福双脚：如果你细心观察情侣桌下的腿脚，你会发现，他们会用脚部的接触或轻抚来表达对彼此的好感，搓擦对方的双脚或用脚趾轻触对方。做这样的动作表明他们很舒适，心情愉悦。

交叉放松的双脚：你和朋友交谈得轻松愉快，你会发现，他改为双腿交叉的姿势站立了。这是他感到轻松愉快的标志。你们的关系很好，他可以卸下防备，完全放松下来。

总之，脚部传达的信号是诚实的，是很难作假的。快乐脚可以清楚地告诉我们主人的心情是高兴的。如果是求人办事，这个时候提出来成功的概率会很高。

有人就把快乐脚的知识运用在了招聘现场，通过快乐脚传递的信息直接看出了对方的决定。爱丽丝是一家跨国公司的人力资源主管，前几天她面试了一个应聘者。“当我告诉他我们需要应聘者常常去国外出差时，我发现他的脚不再保持安静，而是变得活跃起来。”爱丽丝说，“我想我看到的应该是快乐脚，事实上我猜对了，他确实很喜欢这种工作方式。但是，当我又告诉他出差去的最多的地方是非洲时，他的脚慢慢地恢复成安静的状态。看来他不喜欢那里，我问其原因，他对我能看出其想法表示惊讶并告诉我，他以为可以去中国等东方国家，因为他喜欢那里的文化以及风景胜地。他不想去非洲，他的脚已经告诉我了。”

当然，并不是所有的快乐脚都是快乐的。这个需要考虑到当时的具体环境，比如，说一个患有帕金森的老人，他的腿和脚始终处于颤抖的状态，我们当然不能说这是快乐脚行为了。另外前面也提到了，当一个人紧张或害怕的时候也会出现腿脚抖动的情形，这个也不是快乐脚。其次还有，如果一个人赶到不耐烦的时候也会通过腿脚表现出来，例如，长时间的无聊会议，不感兴趣的课程，会使身在其中的人产生厌烦的情绪，这时候观察他们的腿脚就会发现，他们的腿也是在摆动中，而当会议或课程临近结束的时候，他们的腿脚摆动频率会加快，这些行为并不是快乐脚，只是他们表达不耐烦和希望事情快点结束的意思。

所以运用快乐脚的知识时，一定要结合当时的环境以及具体事情具体分析，不能盲目地归结到快乐脚上。

摩拳擦掌，内心想尝试

在汉语词典中，“摩拳擦掌”是一个成语，意思是形容战斗或劳动之前，人们精神振奋，跃跃欲试的样子。实际上，在身体语言的词典中，它也是这个意思。这并不是文字的夸饰，这个形容词绝对是源于生活的，现实中人们的确常常会用摩擦手掌的动作来表达对某一事物的期待之情。

比如，会场主持人一边搓着手掌，一边对听众说，“下一位就是我们期待已久的某某先生”。掷骰子的人在掷出以前，往往会用手掌不停地搓骰子，以期自己成为赢家。满脸通红的孩子跑进家门后，摩擦着手掌对父母说，“爸妈，这学期我又考了第一名”。需要注意的是，在寒冷的冬天，当一个人在车站急切等待公共汽车的时候，不停地搓着双手，一方面有可能是他急切期待公共汽车快点到来，另一方面有可能是他感觉太冷，所以双手不停地搓来搓去。

有趣的是，同样观察一个人搓手速度的快慢，还可以知晓他对某事物的期待程度和他内心的情绪状态。如果一个人站或坐在那里急速地搓动着双手，则说明他非常期待某件事情的发生，或是极度渴望自己能做成某件事情，此种情况下，他内心的情绪肯定是较为急切的。反之，当一个人站或坐在那里慢慢地搓着手，则说明他在遇到有决定性作用的选择时的一种犹豫不决，或是将要做的事情可能会遇到很大的阻力，此种情况下，他内心的情绪是摇摆不定的。

需要提醒大家的是，我们理解每个动作的含义都不能离开它的使用背景。比如，摩拳擦掌，并不是任何时候都代表了兴奋和期待。寒冷的冬季，你看见一个摩拳擦掌的人，他可能也像掷骰子的人一样往手心里吹气，但那仅仅是因为太冷了，想要摩擦生热而已。

整个手掌的互相摩擦能表达兴奋心情，但只揉搓拇指和食指指尖的动作就另有含义。东西方在这个动作的含义上达成了一致，一般都用来暗指金钱，或是表达索取金钱的意愿。

不过，人们对于金钱，总是会产生一些负面的联想。尤其是中国人，向来不喜欢公开地谈钱的问题，所以这样的动作就容易引人反感。当你的身份是销售者或者其他需要博得对方好感的身份时，千万要控制住自己的手，不要经常做这个动作。

综上所述，摩拳擦掌所代表的意思还是比较好判断的，因为“跃跃欲试”必须有个试验的对象，否则摩拳擦掌就与尝试不沾边了，比如，你和朋友走在冬天的街上，他突然做出这个动作，只能是因为感到寒冷而不是要尝试什么。

双腿叉开，表明“我说了算”

平时我们看到一个人具有领导派头会说他或她的气场很强大，其实，除了从气场判断这个人的主宰欲外，我们也可以从他们的腿和脚上看出来。比如，双腿叉开就是一种展示权威和力量的典型动作。

双腿叉开的姿势展现出开放或者支配的态度，即“我说了算”；双腿交叉的姿势则显示了保守、顺从或是戒备的态度，因为这种姿势象征着拒绝任何人接近自己的生殖器。叉开的双腿是为了凸显男人的雄性气概，而交叉的双腿则是企图保护男人的雄性资本。如果一个男人在和另一个男人会面时，觉得对方不如自己强悍，那么展示胯部的站姿就显得非常合适；可如果他是和一个比自己强悍的男人打交道，这样的站姿就会让他显得争胜好斗，而且他自己也会感觉容易受到对方的攻击。甚至许多动物都用叉开双腿的方式来标志地盘所有权。例如，猩猩们全把双腿大大地分开，而谁占据的面积最大，谁就被视为最有支配权的首领，这样的较量方式可以让猩猩免受肉搏的伤痛。

当人们处于对峙状态时，就容易做出叉开双腿的姿势，而且双腿叉开的幅度会随着矛盾的激化而变大，如果想要尽快稳住局势，就要控制自己的双腿，尽量将两腿收拢，否则对方可能被我们叉开的双腿而激怒。

也许你看到过下面这个情境：办公室里，一名女员工站在老板桌前，顺从地接受着老板的询问。这时，老板从椅子上站起来绕过桌子站在了女员工的面前，他双腿叉开点了一根烟，而女员工脸上变得紧张起来，回答也显得不耐烦了，似乎想快点结束对话。老板因为对方的态度而不满，最后发展成一场争吵。

双腿分开的姿势一般来说是一个纯属男性专用的姿势，女性大都不会模仿。但男性如果在女人面前做出这个动作，将会产生非常不好的影响。当男人做出双腿分开的动作时，很多女人随即做出紧拢双腿的动作，或者双腿交叉。也就是说她们产生了防御心理。这样就很容易理解情境再现中的女员工为什么会不满了，因为老板的姿势让她们感到了威胁，这样就造成了双方之间的芥蒂，有时候甚至双方都不明白这芥蒂是怎么产生的。所以，在工作和一般的交往中，男性最好不要在女性面前做出这个姿势。

同样，同性之间也应该注意，男人们在做这个姿势时也是为了争取地位。尽管大部分男人都没有意识到这一点，但是双腿分开的姿势的确传达出了权力与地位的信息。通常情况下，这样的姿势在同性之间也会引起不安，如果一个男人分开自己的双腿，那么其他男人为了维持自己的原有地位，也会纷纷效仿这一姿势。尤其不要在你的上司面前做这个动作，因为会被当作是一种挑衅的。

当然，有些时候这个动作是有必要去做的，特别是当一个人想要表现威严或者树立威信的时候，这种“我说了算”的姿势可以帮助你达到想要的效果，因为它表现的就是一种掌握绝对权力的态度。所以，希望那些女性执法人员可以效仿男性，把这种站姿运用到执法过程中，尤其是对那些不容易制服的人。

在日常生活中，总会有一些时候，人类会和动物一样，需要有专属于自己的领地。领地一旦受到侵犯，就会引起我们很强烈的反应，做出一些防御或抵抗的动作，比如，面红耳赤，叉开双腿。

双腿交叉，戒备的心理表现

双腿叉开是自信的表现；双腿交叉则是消极拒绝的表现。双腿交叉的姿势不仅会传达出消极和戒备的情绪，还会让一个人显得缺乏安全感，并且引发身边的其他人也相应地做出这种姿势。

惯于将两腿交叉的人，总是将这个动作归因于寒冷，而不愿意承认自己在动作背后隐藏的紧张、焦虑或是戒备心理。也有很多人说，这么做只是因为感觉舒服。这种说法或许是真实的，当一个人缺乏安全感、产生戒备的心理时，交叉的双腿确实会让他感觉舒服，因为这样的动作符合了他的情绪。请回想一下，当电梯里只有你一个人的时候，你有没有很自然地把双腿交叉在一起，而有人进来的时候，你会很快地收回腿并让它们都牢牢地立在地上。这时候，双腿似乎在向你传递一种信号，告诉你小心点，也许会有麻烦，赶紧站好做好准备。这也是一种对于陌生人下意识的防备。

但是，对于熟悉的两个人来说，双腿交叉表达的则是另一种意思——放松和舒适。下面让我们听听别人的经历。

那是在我朋友的生日派对上，我认识了两个很有趣的朋友，一开始我以为他们两个也是刚认识，但是在接下来的交谈中，他们其中的一个人从双腿站立的姿势变成了双腿交叉，由于这种站姿使得全身重量放在了一只脚上，所以他的身体向另一个人的方向产生了轻微的倾斜。这时候我才想到也许他们一早就认识了，经过我的询问，这个交叉双腿的人说他们确实是多年相识的老朋友了，并好奇我是怎么看出来的。我告诉他是你的双腿提醒我的，如果是一个陌生人你不会交叉双腿并靠到他身上，这样做就说明你们彼此熟悉并相互信任，因为这是一种放松和舒适的站姿。

由此看出，在感到熟悉和自由的环境中，交叉的双腿就代表着舒适感。它会告诉我们彼此之间的关系很好，可以放松地交谈。所以，在与朋友谈话的时候，记得利用它消除隔阂，相信你们之间的交谈会更加融洽。

除了站着，人们在坐着时也有双腿交叉的时候，它也会给我们提供一些启示。如果两个人是并肩坐在一起，就要从双腿交叉的方向上判断他们是否关系很好。双腿交叉时，压在上面的那条腿指着对方，说明他们关系不错；假如压在上面的腿没有指向另一个人或者说它极力向自己靠拢，这就说明他不喜欢对方，他上面那条腿的膝盖像保卫自己领地的城墙，阻断了两人之间的联系。

脚踝相扣也是双腿交叉的一种形式，它表现的信息是自我克制、紧张、恐惧等。大量的研究证实，这是一种努力控制和压抑消极、否定、紧张、恐惧，或是不安情绪的人体姿势。如果一个人做出此种姿势，则表明他在心里极力克制、压抑着自己的某种情绪。比如，在法庭上，开庭之前，几乎所有的涉案人员就坐在各自位置上，他们通常会双腿交叉，双脚相别。而在审判的过程中，被审人员为了减轻心中的压力和消除自己心头的恐惧、恐慌情绪，更会将脚踝紧紧地靠在一起。这就无疑显示了他们紧张、恐慌的心理。再如，面试时，如果留心一下参加面试人员的脚部情况，你就会发现，很多人都会做一个同样的姿势——把踝骨紧紧锁在一起。这个姿势就泄露了面试者的心理情绪状态，即他们在努力克制自己心头的紧张、压抑、恐慌等情绪。此种情况下，为了帮助面试者控制好情绪，面试官就会暂时岔开主要话题，或者直接走到面试者旁边坐下，以拉近彼此间的距离，从而让其消除心头的压抑和紧张。如此一来，双方就能在一个相对轻松、友好的氛围中进行交流了。

综上所述，双腿交叉所表达的意思是多种多样的，应该根据当时的情况进行合理的推断，不能一味地认为交叉双腿的人是放松的或紧张的，这样容易使我们判断错误，从而影响彼此之间的交流。

手部动作转换，内心情感也跟着转换

就像一个人突然听到惊讶的事情手里的东西掉在地上一样，手部动作的突然转换往往说明了人们的思想和心理发生了急促的变化。有研究发现人们的手部动作转换说明他们的内心情感在发生变化。

一对情侣手牵手走在街上，当他们放开彼此的手并远离对方时，一定是因为他们之间产生了分歧或是发生了不愉快的事情。把手缩回来是个很简单的动作，可能几秒钟就能完成，但是这个动作却可以把一个人的内心感受准确地反映出来。

中国有个成语叫“十指连心”，按照中医理论，每一根手指都有经络，经过四肢直接通到脑袋去，所以称十指连心。现代科学证明，手部有着丰富的神经，是人身上神经末梢最多的地方之一。因此它的触觉、温觉、痛觉等极为敏锐，稍有较大的痛楚，就会使人感到“揪心”似的疼痛。我们运动手指时，就可运动到大脑里不同的中枢，对大脑里不同的范围、深度，产生不同功能的运动效果。

同理，脑部活动也就通过神经传达到手部，其中也包括各种潜在意识。你可能自己还没有觉察到，但这些意识已经传导到手部，你的手部姿势就反映出了这些意识。

公司裁员的名单上有小陈的名字，祸不单行，偏偏在这个时候接到了女友的分手电话。他放下电话，双手十指交扣，痛苦地紧握在一起。似乎觉得无法承受，他的双肘支撑在桌子上，握紧的手顶着脑袋，觉得自己头痛欲裂。

当人们的内心产生巨大的变化时，他的手部动作也会跟着变换，情境再现中的小陈，在遭受了一系列打击之后，他的心灵受到了严重的创伤，于是开始自我封闭。紧握的双手所形成的闭合空间就是他封闭内心的外部表现。现实生活中，手势变换反映心理的例子还有很多。比如，健忘者在猛然想起来一件事时，会用手掌猛击一下头部，以此表示对自己忘性的惩罚。这是一个习惯性的动作，我们很多人都做过。

此外，缓慢的缩手动作也是因为心理变化引起的。下面是一位刑警教员的亲身经历：有一次两个朋友请我吃饭，他们是一对夫妻，其间他们一直跟我抱怨在资金方面遇到的困难。当妻子说道："也不知道做了什么，钱不知不觉就没了。"我注意到她的丈夫慢慢地把手离开了桌面，向着身体缩了回去，最后放在了他的两条腿上。我当时猜想，这位丈夫可能知道些什么。事后我知道了，这位丈夫用于赌博的钱有一部分来自夫妻两人的联合账户，他这种恶习当然是瞒着妻子的，所以最终他失去了这个家庭。这也证明我的猜想是正确的，当时丈夫撤回双手的动作就是心理逃跑的线索。这种行为一般发生在人们遇到威胁的时候，手部的动作就会把内心的想法表现出来。

在日常生活中，当人们的情绪发生巨大变化时，他们的手掌会不自主地抖动。当看到或者听到惊讶恐怖的事情时，人们的手会条件反射地抖动一下，正好手里有东西时就会更明显，就像本节开头提到的一样，手里的东西很可能会掉下来。不仅如此，当突然到来的事情是令人十分开心的，如中了彩票或者收到贵重的礼物时，人们也会出现这种动作。

可以支配一切的双手叉腰

双手叉腰这个姿势，相信每个人都做过，但是它有什么含义你知道吗？心理学家说，双手叉腰代表着强有力的领地宣言，是向他人传递不可侵犯的意思。

流行的美国西部牛仔片中，总能看到这样的景象。代表正义的牛仔昂首挺胸地面对敌人，他们的大拇指叉在胯部的口袋里，而把其余的指头露在外面。手臂在身体两侧弯曲着，就像我们平常的叉腰姿势一样。

这种西部牛仔的姿势是在告诉别人“我是个男子汉——我可以支配一切”，而两手叉腰的姿势则让男性的身躯显得更加伟岸。为什么会有这样的效果呢？因为两手叉腰的姿势能够让你占据更多的空间，从而让你显得更加魁梧和打眼。

动物界中，很多动物也会用一些办法让自己看起来更强壮。比如，鸟儿们会抖动自己的羽毛，鱼儿会吸入大量的水以促进身体膨胀，猫和狗会努力让身上的毛竖立起来，这些做法的目的都是使得自身体积看起来更大，而更大的个头在动物界通常就是更有争斗力的表现。而体毛并不丰富的人类无法使用这种方式达到目的，于是他们想出了另一种方法，这就是双手叉腰的站姿。

男人感觉自己的领地被其他男性觊觎时，就会用这样的姿势向入侵者发起无声的挑战。所以两手叉腰是一种明确的警告姿势，男性用这个姿势震慑对方。

叉开的双手无疑能扩大你的影响范围，就像鸟儿们竖起的羽毛一样，双手叉在腰上也就像给我们自己安上一对额外的翅膀，让我们的形态看起来更加庞大。两个男人的站立谈话场合，你也可以看到这种姿势，而两人之间似乎是很友好地在进行谈话。事实上，两人都潜意识里使用这种姿势向对方传达信号：“我才是控制者，你说话最好要小心。”有时候，男性会把拇指塞进皮带或者放在裤子口袋里，其余伸出的手指则指向了男性的生殖器部位，很多男人都用这种姿态来表现攻击性态度。

这种叉腰的姿势在女性中也能见到。比如，时装模特在进行 T 台表演时，就会做出两手叉腰的动作，这是为了更好地展现女性魅力，从而为服装增彩。因为双手所放的位置正是女性身体弧度很大的部位，这个部位也是极具异性吸引力的地方，女性在潜意识里明白这一点，所以这种姿势也可以看作是一种炫耀性的动作。另外，一些女性领导也会做出双手叉腰这个动作，尤其当她们面对一群男性下属的时候，这个动作可以让她们有一种能驾驭一切的优越感。

所以，要想判断出一个双手叉腰的人目前的内心情绪，就应该根据当时的具体情境以及这个人之前的行为进行综合的考量，这样做出的判断才能更加接近事实。

要告辞时，腿脚有明示

相信你在生活中肯定遇到过这样的情况：你急着去办一件事，在路上遇到一个熟人，他十分健谈，拉着你滔滔不绝地讲述他最近的旅游经历，而你既要赶着去办事又不好意思打断他，回想一下，这种时候你的腿保持的是什么样的姿势？我想很可能是做出了“稍息”的姿势吧，也就是用一条腿来支撑身体，这是一种意图信号，表示你想离开了。你也可能没注意到，这是一种下意识的动作，表现的恰恰是内心最真实的想法。

用一条腿支撑身体的重量的姿势有助于我们判断一个人当下的打算，因为休息的那条腿，脚尖所指的方向，往往是离他最近的出口位置。如果你在和他人谈话时发现，他改用了稍息姿势，那就表示他想结束谈话，他要告辞了。

除了稍息姿势，还有其他的身体语言表明谈话者想终止谈话、想要离开的意愿。

1. 起跑者的姿势

起跑者的姿势也传达出想要离开的愿望。表达这种愿望的肢体语言包括身体前倾，双手分别放在两个膝盖上，或者身体前倾的同时两手分别抓住椅子的侧面，就像在赛跑中等待起跑的运动员一样。这时你如果注意观察他的双脚，通常是两腿前后分开，一只脚前脚掌着地，脚跟高高抬起。在你和别人交谈的过程中，只要你看到他做出这样的动作，这就是他想要离开的标志。他的身体分明在说：预备，脚踩在起跑线上，我要告辞了……

2. 两腿不停地换边

这种情形在开会时常见，通常人们的腿是交叠的，不停换边，一会这条腿压在了那条腿上，一会又按照相反的方向重复交叠，看起来有点像“尿急”的感觉。这是他们想要赶快结束，着急离开的标志。

3. 两腿交叉，手脚打拍子

两腿交叉和着手脚的拍子，显出了他们的焦急，他们的身体语言分明是向你表明：快点吧，快点结束吧，我要走了，再不快点，我要逃遁了。

以上是一些常见的动作，它们所表达出的意思就是要告辞了。但是，很多时候人们出于礼貌不会直接说想要离开，但他们的腿部语言不会说谎，如果你看不懂他们身体的这些“明示”，很可能会被归类在不识相的白目一族里！如果你发现对方这些硬撑下去的动作，那你要识趣一点，早一点结束会话。

第五章

以姿观心，看透他人要从细微处入手

感到不安时有人就会咬指甲

咬指甲这一动作一般多见于年纪比较小的孩子身上，这时候这种动作多是无意识的，而随着年龄的增长，这种动作就具有了一定的含义。心理学家认为一个成年人做出咬指甲的动作说明他正承受着巨大的压力或者感到很不安。

在一个人的潜意识里，吮吸妈妈的乳汁是最有安全感的。所以当一个人下意识地去咬指甲时，他主要是希望可以获得自己幼儿时期吮吸妈妈乳汁的安全感。有调查发现，很多孩子在成年之前习惯用手指或衣领来代替妈妈的乳头，而成年之后，他们把替代品换成了口香糖、香烟等。当人们处于恐慌或者不安的状态中时，最容易激发这种吮吸的动作。因此，很多人习惯用咬指甲来缓解自己的不安。

如果在一个双方交涉会议上，有人做出咬指甲的动作，那么，我们就可以判断这个人在交涉中处于劣势，他可能对自己很不自信。如果是在参加工作面试或者正在约会，千万不要做出这个动作，因为它向别人传递的信息是“我很不安”，此外这个动作也不雅观，容易影响我们的形象。之所以有人做出咬指甲的动作并不是因为想要修饰指甲，而是在寻求一种安慰。

当感觉不确信、紧张或者不安时，人们可能会在不知不觉中表现出“毫无意义”的动作。都只是为了获得安慰，除了咬指甲以外，这种类型的动作还有：

1. 典型的移位活动

典型的移位活动包括很大范围内的动作和姿势，其中紧张不安的人会用手、脚或眼睛做出毫无目的的活动。例如，在医生的候诊室中，在等待面试的人，或在交通堵塞中等待的人身上，都可能看到这些动作。研究人员认为，所有这些都能表明人们面对挫折和焦虑时的紧张状况，具体包括：

（1）将手放在领带上，就好像要调整领带一样，其实领带非常笔挺。

（2）用手指敲击椅子的扶手，或用脚敲击地板。

（3）抚弄手指上的戒指。有可能将戒指摘下来又重新戴上去。

（4）挠头。

（5）掐捏眼皮。

（6）垂着头坐着，眼睛盯着地板或者对面墙上的一个点。

2. 口部的移位活动

研究人员认为，这些行为都是在不知不觉中进行的，人们试图找回在婴儿时期吮吸妈妈的乳房所产生的安全感。它们和咬指甲是同一类的。

（1）在做记录的时候吮吸钢笔或铅笔。

（2）取下眼镜，并将一只镜腿放在嘴里。

3. 抽烟者的移位活动

许多过着充满压力日子的烟民，声称抽烟能够让他们平静下来。因为抽烟能够让人情绪稳定，但是，这可能只是部分原因。抽烟这个动作本身也可以让抽烟者消除疑虑、增加安全感，具体有：

（1）对于抽烟的人来说，叼着烟或烟斗，就相当于不抽烟的人吮吸拇指或钢笔一样。

（2）紧张焦虑的抽烟者可能会一直用香烟敲击烟灰缸，将烟灰弹落。

（3）用烟斗抽烟的人可能会延长清理烟斗、装烟丝、点着烟斗的例行过程。

以上这些行为和咬指甲的作用一样，都是为了缓解压力、减少不安。如果看到周围的人做出这些动作，我们应该给予适当的安慰，帮助他们克服不安紧张的情绪。

压力来临，抚摸颈部自我安慰

人类身体的动作行为主要受大脑控制，安慰行为也不例外，当大脑发出需要安慰的信号时，身体就会自发地做出一种安慰行为，其中最常见的就是用手抚摸颈部。这种方法可以帮助人们缓解压力，因为人类的脖子周围有很多神经末梢，通过按摩这里可以降低血压和心率，从而使人变得平静。

研究发现，男性和女性通过颈部动作做出安慰行为的方式并不相同。男性习惯做的动作有用手盖住下巴以下的部位，用力抓或抚摸那里的神经；或者是用手指按抚脖子两侧和后侧；还有用手抓住领带的打结处或衬衫领口校正它们的位置。而女性最常用的安慰行为则是抚摸、把玩她们戴着的项链或者是用手抚摸她们的胸骨上切迹。胸骨上切迹指的是位于喉结和胸骨间的凹下去的那部分，就是我们平时说的“颈窝”。如果一位女士把手放在这个部位，说明她正处于害怕、不安、苦恼的情绪中，也有可能是受到了威胁。下面这个事例是一名刑警的办案经历。

我们在追查一名持枪抢劫的嫌疑犯，因为他身上带着枪，这是很危险的，我们必须尽快找到他。经过缜密的分析调查，我们怀疑他藏匿在乡下的母亲家里，我们马上赶到了那里。

我们敲了门，一位看起来很慈祥的老妇人接待了我们，然后我们开始询问关于她儿子的一些问题，当我问她“您知道您儿子现在在哪儿吗？”时，我发现她用手触摸了一下颈窝，然后才回答:“不，我不知道他在哪。”然后又问了几个问题，我再一次问她：“您儿子会不会偷偷藏在您家某个地方？”她又把手放在了颈窝上，然后回答说:“不会，我想不会的。”这时候，我已经肯定她儿子就在她的家里了。但是我没有揭穿她，等我们问完问题离开时，我对她说:“这么看来，您儿子并没有来找您，也没有藏在这所房子里对吗？”跟我想的一样，她仍然用手盖住了颈窝。于是我马上向总部申请了搜查令，并最终在她家的阁楼上抓获了打算逃跑的嫌疑人。

正是这位女士的颈部安慰行为泄露了她的秘密，刑警通过这一动作看出她的不安，由此推断出她在说谎。很多女性都习惯用手触摸颈窝来缓解自身的焦虑，但有趣的是，准妈妈们在做这个动作时，她们的手最终会下移到肚子上，似乎是想要保护自己的宝宝。

在警察看来，这种安慰行为的意义比测谎仪更大，也更加值得信任，他们在审讯调查的时候常常通过观察分析这些安慰行为揭穿谎言或者推断出事情的真相。一位教员说："当我们审问一个人时，面对问题，如果他先用手摸自己的脖子回答，你就要想到，也许他正在对这个回答进行自我安慰。"

其实，安慰行为的种类很多，像抚摸颈部一样的自我抚摸就有很多种，如以下几种。

1. 头部区的抚摸

比如，抚摸额头、挠挠头皮、抚摸头发、用手托头，等等。一般做出这样动作的人，多半内心感觉无聊，孤独、心事重重，他们做出这样的动作，就是为了鼓励自己或寻求安慰。

2. 手部的抚摸

摩挲自己的手背、吸吮手指、咬指甲等。当你发现有人出现这些下意识动作时，可以给对方适当的安慰和身体接触。但是不能太过，轻轻拍一拍对方的肩是最适度的安慰。因为虽然做这些动作是渴求接触的表现，但他们强烈的戒心依然会反感你过度的接触。

3. 脸部的抚摸

例如，用手抹脸、轻捏脸颊、双手捧着脸。

做这样动作的人，多在思考中，他们内心孤独，希望通过自我抚摸获得安慰。

4. 间接自我抚摸

有些动作看起来与自我接触扯不上关系，实际上也是一种间接的自我抚摸。比如，不停地转笔、把纸张揉成一团变形，等等。这种间接的自我抚摸也刺激到了人们的触感。

双手抱胸与打开双臂间的微妙心理

一般来说，我们在公共场合时都会有意无意地维护自己的形象，出门之前正一下领带，经过镜子的时候扶一下头发等，所以很少在公共场所看到袒胸露乳的人。但是，在家里，尤其是炎热的夏天，回想一下你的家人或邻居有没有衣衫不整、敞衣开怀的呢？相信答案是肯定的，其实原因很简单，在公共场所是面对着素不相识的陌生人，在家里或邻里之间面对的都是很熟悉的人，表面上看是太过熟悉不用注重形象之类，实际上是因为熟悉所以不加防备。正如有些心理学家所说，一个人如果在你面前袒胸露乳，说明他和你心无芥蒂，愿意对你敞开心扉。

人和动物在面临危险时，都会本能地将头低下，借以隐藏重要的咽喉与胸腹，因为人类的重要器官——五脏六腑都集中于胸腹部位，是人身体最脆弱的地方。只有当人们感到安全和舒适的时候，和自己信赖、有好感的人在一起时，才会大胆地舒展胸怀。如果一个人敞开衣襟露出胸腹，则表示他对周遭人事物坦白、诚恳、没有隐讳，也少有防备之心，脸上的表情也一定是平和、温煦的。

成语“东床快婿”讲的就是书法家王羲之袒胸露腹的故事。

根据《世说新语》的记载，东晋太尉郗鉴要为自己女儿找女婿，就派一位门客到时任丞相的王导家选女婿。门客回来说:“王家的年轻人都很好,但是听到有人去选女婿，都拘谨起来，只有一位在东边床上敞开衣襟睡觉，好像没有听到似的。”郗鉴说:“这正是一位好女婿。”这个人就是王羲之，郗鉴于是把女儿嫁给了他。历史证明，郗鉴并没有看走眼，王羲之成为东晋王朝出将入相的栋梁之材。

当然，郗鉴并不仅仅是凭着露出肚皮这一点认定了王羲之，也曾与他深切交谈，当面考察未来女婿的品性和才能，不可否认的是，王羲之袒胸露腹的这一个小小的细节给郗鉴留下了很深的印象。在古代，袒胸露腹不仅是坦荡、诚恳的表现，也有表达忠诚的含义。无论是哪一种，都向对方传达出一种敞开心胸、不加防卫的态度，表示愿意与人接近并保持友好和坦诚。

反之，有些人习惯双手抱胸，或者把文件夹、书本等物抱在胸前，表明他们对周遭环境缺乏安全感，因而下意识地做出遮挡胸腹的动作，在自己与他人之间形成一道无形的墙。在刚刚入职的新员工以及转到新学校的学生身上会经常看到这种表现。如果想要向对方表示友好的欢迎态度，虽然不必像王羲之一样袒胸露腹，但也一定要打开双臂，这样对方也会不自觉地对你敞开胸怀。

当然，生活中也常常有这样的镜头，两个人准备使用暴力解决问题的时候，又或者摔跤比赛的时候，往往把上衣脱掉甩在地上，光着上身对决。在这里，袒胸露乳可不是敞开心扉了，恰恰相反，这是一种挑衅。

在路上看到过这样的一幕：一个人因为打电话而没有看清路，不小心踩了经过他身边的一个大汉，两个人因此而起了争执，并且越吵越凶，这时那名大汉突然愤怒地解开了上衣的扣子，我想他们要用到暴力了，没错，紧接着对方也脱掉了上衣，两个人扭打到一起。

也许你会觉得很好笑，两个大男人因为这么一点小事就拳脚相向，太不理智了。但是它确实发生了，我想那名大汉的脱衣动作才是动手的导火索。他解扣子就让对方误以为是要动手，就像一个要出拳头的宣告，对方当然会予以反击。没准最后他们都不清楚是怎么打起来的，没人会注意到那个简单的动作。

请注意你的胸膛，不仅是因为心脏在那里，也因为它所传递的信息与暗示，如果被误会坦诚倒没什么，要是被误会是宣战就麻烦了。

挑动眉毛，表达心思

我们有一个词叫“眉目传情”。的确，从一个人的眉毛不仅可以看出他的性格，而且可以通过眉毛的动态了解他的心理动态。比如，长有粗眉毛的人，大多为人忠厚老实，待人热情大方，属于积极型的性格；细眉毛的人性格保守，遇事优柔寡断，属于消极型的性格；弯眉毛的人酷爱幻想，但个性并不武断；直眉毛的人自信热情，机智聪明，具有敏锐的眼光；淡眉毛的人性格稳重，很有城府，喜欢独立思考。

有专家专门观察人们眉毛的动态，他们发现，眉毛可有 20 多种动态，不同的动态都有着不同的情绪和不同的心理活动，并总结出了五种眉毛最基本的动态及其所传递出来的内心活动。

第一个眉毛动态是皱眉。当人们受到侵犯、感到恐惧时，往往就会皱眉。这是因为人们在遭遇危险或侵犯时，眉毛就会本能地保护眼睛，光是低眉还不够，还将眼睛下面的面颊往上挤，尽可能给眼睛提供最大的防护，但眼睛仍保持睁开并关注外界动静，便形成了皱眉的动作。这种上下压挤的动作是人面临外界攻击时最典型的退避反应。皱眉大多代表忧虑、困惑。一个深皱眉头忧虑的人，基本上是想逃离他目前的处境，却因某种原因不能这样做。

一天清晨，保险公司总裁安德烈先生像往常一样在别墅的花园里散步，突然被一位蒙面刺客开枪打死。闻讯赶来的 FBI 警长奥斯顿在死者的保险箱里，发现了一些线索表明安德烈先生的死与他两个兄弟及一个姻兄有一定的关系。于是警长奥斯顿来到安德烈先生的姻兄亚尔曼的家里，着手调查。

亚尔曼这时刚起来，正在花园里锻炼。警长奥斯顿对他说：“亚尔曼先生，刚才你的兄弟被人杀死了。”亚尔曼刚一听，惊恐地叫了起来：“不可能！我昨天晚上还和安德烈在一起，才一个晚上就死了，太不可思议了！”警长奥斯顿点点头，说：“安德烈先生确实死了，我们希望你能够提供一些线索。”

亚尔曼沉思片刻说：“安德烈与他的两个兄弟关系非常紧张。哥哥因家财和他闹得很僵，听说要上诉到法院判决，弟弟好像和他的太太关系暧昧，他十分恼火，早就扬言要报复他的弟弟，依我看，这两个兄弟都有杀人的动机。”警长奥斯顿认真地听他叙述，随后把他从头到脚打量一番说：“亚尔曼先生，怎么不谈谈你自己的情况呢？你不是一直妒忌安德烈先生有钱有权吗？”

亚尔曼一听，迅速皱起了眉头，生气地说：“请你不要胡言。我不否认，但你也不能认定我是凶手呀！”

“别想得太天真了，最值得怀疑的不是别人，恰恰是你！”警长奥斯顿说。

亚尔曼极力掩饰，但仍掩盖不住自己内心的惊慌，眉头紧皱，怒斥着警长奥斯顿。但是，奥斯顿却从他一系列的表情以及深锁的眉头中得到了肯定的答案。果然，经过认真搜查后在亚尔曼家里搜出了凶器。

警长奥斯顿之所以认定亚尔曼是杀害安德烈先生的凶手，是因为警长奥斯顿非常善于观察对方的非言语信息。奥斯顿在和亚尔曼对话中，通过一系列的观察后，已经认定了亚尔曼在说谎。因为安德烈先生一家有 3 个兄弟，警长奥斯顿到亚尔曼家时，根本没有告诉亚尔曼死者是谁，而亚尔曼却一口说出死者是安德烈先生。这就说明亚尔曼事先必定知道此事。警长奥斯顿抓住这个破绽，继续对话，说到要害时，亚尔曼眉头紧皱，通过这样一个微小的非言语信息，警长奥斯顿就更加认定了亚尔曼是凶手，只有心理活动发生了波动，人们的眉头才会紧皱。

第二个眉毛动态是耸眉，耸眉是指眉毛先扬起，停留片刻，然后再下降，通常还伴随着嘴角迅速往下撇，而脸上其他部位却没有明显的动作。耸眉有时表示的是一种不愉快的惊奇，有时则表示无可奈何。此外，人们在强调他所说的话时，也会不断地耸眉。

第三个动态是轻抬眉毛。轻抬眉毛是在彼此之间距离稍远处向人打招呼的姿势。研究人员认为这个动作是为了把别人的注意力引到自己的脸上，让人家明白自己正在向对方问好。同时也表示你对出现在面前的这个人持有首肯的态度。而且这个动作很可能与惊讶和害怕的情绪有关，就好像你在说“见到您真是让我又惊又怕”，也可以理解为“我非常敬畏您，并且对您很有好感”。以此提醒大家，如果你喜欢对方，就向对方轻抬眉毛；如果你想让对方喜欢你，还是向对方轻抬眉毛。

还有一个常见的眉毛动态是扬眉。我们在与别人交流的时候，如果对方双眉一起上扬，表示对方非常欣喜或极度惊讶；单眉上扬，则表示对方对我们所说的话不理解；如果两条眉毛一条上扬，一条保持不变，则表示对方极度地怀疑我们所说的话。

小小的两道眉毛中却藏着这么多的信息，所以，我们平时在与人打交道时，不要光听其话语，辨其神态，还要关注其眉目间的微小变化，这些五官所传达出来的信息，往往比口头上表达出来的还要真实。

吐舌头——否定和拒绝的信号

午休的时候，几个学生凑在一起聊天。其中学生A提高声音说："最近我妈妈从日本回来，给我带了岚的亲笔签名CD哦！她还说，如果我这个月的月考能进前十名，就带我去看岚的演唱会！"另一个学生问："岚的演唱会不是很难买吗？""我家亲戚有渠道可以弄到！连签名CD也是我家亲戚在中间牵线的！我跟你们讲哦，我还从我家亲戚那听到了不少关于岚的八卦哦……"其他几个学生听后，频频伸出了舌头，有些隐忍的不耐烦，因为她们知道A又在吹牛了，根本就没有她口中所说的那位亲戚。

例子里，当其他学生听到A的吹牛后，频频伸出了舌头，但他们其实并没有爱伸舌头的毛病。那他们的这个动作代表什么意思呢？

谈话过程中伸舌头是一种拒绝的信号。人在婴儿时期，还不能灵活地使用自己的手，更不会说话，都是由父母喂食。当婴儿吃饱后不想吃时，就会把奶头或食物推出来。在大一点后，如果他们不喜欢某人，就会向那人做鬼脸。此时，伸舌头也有拒绝、抵触的意思。

当成年后，人们当然不能对自己不喜欢的人做鬼脸了，但吐舌头的表情还是会经常出现。当遇到麻烦事，或者被迫和不喜欢的对象聊天时，人们常常会在无意中做出这个动作。例如，当人感到厌烦时，会敷衍地说一声"哎"，然后伸伸舌头，或者仰仰头向前伸伸下巴。

有时候，在谈话的过程中一直沉默的人如果突然用舌头舔自己的嘴唇，这是发言前的一种准备，意思就是说："该我说话了。"

此外，在从事某项工作时，有的人会一直张着嘴伸着舌头，这个动作是自己非常投入的一个信号，同时也是一种拒绝打扰的信号，"请不要打扰我！"也有的人在做这个动作时，拒绝的意味没那么强烈，仅仅是"请不要管我"的意思。

声音上扬，往往内心不安

《礼记·乐记》中有这样一句话："凡音之起，由人心生也。人心之动，物使之然也。感于物而动，故形于声。声相应，故生变。"即内心世界将会影响到人的声音。人们对事物的感情，也可以反映在声音之上。

人们说话时，不仅说话的内容在传达信息，说话的声音也能表达含义。我们可以有意识地控制自己说什么，但很难控制自己的声音，特别是在说谎时情绪紧张的状态下，即使能够毫不费力地控制措辞，也很难掩饰自己声音的变化。情绪会影响我们说话的音调、音质和音量。例如，人们生气时，说话会声音变大、语速加快、音调提高。而当人们情绪低落时，说话比平时更慢，而且声音低沉、音量小。

人们在说谎时声音会变高，而且声调平平、缺乏抑扬顿挫，这是因为说谎者的声带像身体其他部位的肌肉一样，因压力而紧绷，所以音调变高，带有欺骗性质的陈述不会像发自内心的坚定观点那样带有抑扬顿挫，而是缺乏变化的、平淡无味的声调。

说谎者的情绪差别也会导致不同的声调变化。有研究发现，当说谎者觉得自己有罪时，声音会变得像愤怒的时候一样，更快、更高、更大声；当说谎者觉得非常羞愧时，声音会变得像忧伤的时候一样，更慢、更低、更平缓。

除了声音的变化之外，人们在说谎时还会有其他一些典型的语言特点。例如，在谈话中停顿的时间过长或过于频繁，会延长用来停顿的语气词，如"嗯……""哦……"，说谎者利用停顿的时间来想好下一步应该怎么说，或者直接因为紧张而变得结结巴巴。

根据有关研究，人们说谎时流露出的各种信号的发生率，如下所示：

（1）过多地说些拖延时间的词汇，比如"啊""那"等词占到40%。

（2）转换话题率为25%，比如，"因为临时有事情，那天去不了。"

（3）语言反复率为20%，例如，"本周的星期天吗？星期天要加班？"

（4）口吃现象为9%，例如，"什，什么？"

（5）省略讲话内容，欲言又止占5%。

（6）说些摸不着头脑的话。

（7）说话内容自相矛盾。

（8）偷换概念。

以上信号中，如果在对方讲话时有好几处得以验证的话，那就表明他是在说谎或者有难言之隐。当然，这只是研究得出的概率统计，仅供大家参考。总的来说，声音变化是判断一个人说谎与否的重要线索，当我们听别人说什么的时候，也要留心他是如何说的，这样才能有效地识别谎言。

摸耳朵，是无聊反感的表现

在我们的五官中，耳朵所能表达的身体语言是非常少的，这是因为在一般情况下，耳朵本身是不会动的，它要依靠手的动作，才能够表达出它所要表达的意思。

当你在与另一个人进行交谈时，如果发现对方有扯耳朵或摸耳垂的动作，这很可能就是对方要打断你的话或对你的话题产生反感的信号，这时你不妨停止自己的长篇大论，转而让对方开口发言。这样，对方反而会认为你是一个通情达理的人，因为你允许他积极地参与谈话，并且尊重他的感受。

探员艾米接到FBI的命令，需要潜伏进一家保险公司，调查该公司是不是为别国开设了间谍公司。可是想要进入这家公司有一个不成文的规定，就是每位员工都要经过一个月的试用期，而且在试用期内必须出售一定金额的保险，才能成为正式员工。

为了成功进入这家保险公司，艾米每天都很努力地工作。这天，一对中年夫妻来到这家保险公司，艾米很热情地接待了他们。艾米详细地向他们介绍各种适合他们那个年龄段的保险，可是这对夫妻看上去并不是非常感兴趣。这让艾米很是怀疑，他们到底是不是来这里买保险的，要么就只是想先了解一下。可是在交流过程中，当她提到一种“家庭险”时，这对夫妻其中的一位用手不经意地摸了一下耳朵。作为FBI的探员，艾米对细节是敏感的，也就是这个小小的动作，令艾米迅速地做出判断，他们厌倦了自己的话语，想要自己发表意见。

为了验证自己的判断，艾米直接问对方：“你们是想要了解家庭组合险吗？是不是要谈一下自己的想法。”

对方有些诧异，不过还是很认真地回答说：“是的，因为我们想买一份和孩子都可以用的保险。”

了解到这一点，艾米详细地介绍了以家庭为单位的各种险种，以及各种保险的参保重点，很明显这次艾米找到了一个很好的突破口，最终，这对夫妻选中了其中的一种，并很快签订了保险合同，这也使艾米最终完成了销售任务，顺利成了该保险公司的员工。

艾米之所以能够推销成功，就是因为抓住了对方摸耳朵的这一小动作，进而猜透了对方的心理。由此可以看出摸耳朵表示的是对话题的反感。所以如果他人在和自己交谈的过程中，对方频繁地摸耳朵或拉耳垂，这表明他厌倦了自己的滔滔不绝。他做这个动作是想告诉自己，他很想开口谈谈自己的意见。

俗话说“非礼勿听”，就是想防止不好的事情被传进耳朵的意思。小孩子不想听父母唠叨的时候，也会用手拨拉耳朵、抓耳朵或者干脆用手掩住耳朵。和用手抓耳朵用意类似的动作还有摩擦耳背、掏耳朵，等等。在这里，如果谈话对象对你做出了这样的动作，表示他已经听够了、不想再听下去，他想尽快结束谈话。

我们在上学时，老师经常教导我们要养成举手发言的习惯，但是随着年龄的增长，我们在与他人交谈时，却不愿意再举手发言，因为我们觉得这样做很难为情。所以当我们感觉对方的话题非常乏味、无聊，或者对话题的内容感到反感，想要打断对方的时候，通常会出于本能而举起手，但往往在手伸到一半时就会立刻缩回来，而为了掩饰自己的行为，就会改变成一种扯耳朵或摸耳垂的微妙动作。

这些都是对摸耳朵是表示反感的最好诠释。但是，在某些情况下，一些人有了这样的动作，其实并不代表想打断说话者的话或对说话者的话题产生了反感，例如，有些人在内心焦虑或紧张不安的时候，也会做出扯耳朵或摸耳垂的动作，这就如同一些人在心里烦躁不安、紧张焦虑时，鼻尖上会冒出大量细小的汗珠一样，是一种心态的特殊反映。

第六章

阅人无数，不等于识人全部

年龄、性别不同，身体语言也有差异

在观察和解读人们身体语言的同时，我们需要知道一个事实，那就是身体语言并非一成不变，而是存在明显的年龄和性别差异。

首先，身体语言会随着年龄的增长而改变。例如，儿时，当孩子们撒谎的时候，常常会立即用一只或者两只手捂住嘴巴，表达自己心虚和害怕的情感。当一个少年在父母面前说谎的时候，恐怕他的动作不会这么明显，但也容易将手放到嘴边，用手指轻轻擦拭。等到一个成年人在撒谎的时候，他尽管会有同样想去遮住嘴边的冲动，但必须让自己的动作更浅淡而不留痕迹。于是，到最后一刻，他或许只是碰了一下鼻子。

上面的例子说明，尽管人们在面临同样的情况时，大脑会给出同样的指示，但由于一个人年岁的增长，这些动作将变得更为隐蔽，让人难以捉摸。这也就是为什么研究一个成年人的身体语言要比研究一个儿童的身体语言复杂得多的原因。

男女两性在身体语言的感知和表现上也有较大的差别。经过研究证明，通常，两性中，女性的直觉更为敏锐，因为女性具有注意非言语信息上的天赋，能比男性破译更多无声语言的能力。同时，对细节的敏锐观察力，也让女性占尽优势。女人的“直觉”和“感知力”都非常强。在育有儿女后，这种能力在女性的身上将更加突出，因为在育儿的头几年里，母亲多要靠非语言的渠道来和自己的孩子交流。因此，生活中，男性难以成功地欺骗女性。即使他们不说话，自己的妻子也能够凭借身体语言来探索他内心的秘密，了解到他们的真实想法。

此外，女性在日常生活中表现出更多自我保护的行为。从很早开始，男性承担着保护者的角色，而女性则被看作是群体中的弱者而受到保护。直到今天，我们依然把女性、老人、小孩划归到一类，认为这是应该受到额外照顾的群体。所以女性一直以弱者的角色存在，她们只需要哺育孩子就可以。所以她们在生理上也就没有男性的力度和速度，比起男性，甚至可以说女性是虚弱的。

也正是这些生理上的弱势，使得女性产生了强烈的不安全感。一旦失去男性的保护，她们面对野兽或者敌人就毫无抵抗之力。正因为此，她们变得警觉性相当高，总是审视着周围的环境，以便在危险来临之前就做好防范。

这样的心态也一直持续至今，女性在陌生环境中更易做出封闭性的姿势。比如，在电梯或者公共汽车上，双手抱臂的女性就远远多于男性，而这个姿势就是典型的封闭、保护性姿势。而且，大部分女性在她们认为的强者，如上司、长辈面前，会倾向于表现出她们柔顺的一面，比如，低头、抚摸脖子，这是因为她们在潜意识里渴望得到保护。

相应的，女性的身体语言也更具有亲和力。女性在最初的社会分工中承担哺育孩子的职能，这种身份可能是她们产生亲和力的根源。当面对毫无威胁的天真婴孩，女性会竭尽温柔地来对待他。直到现在，女性遇到小孩子，即便是没有养育经验的年轻女子也会情不自禁地逗逗他，这就是她们内在潜藏的母性的流露。

另外，女性还承担着调节一个部族关系的责任。男性在外猎食，分工合作明确。而女性在内，则通过互相表示友好以和谐相处。所以直到今天，一个家庭的亲戚关系也通常是女性在打理。涉及人与人的交流问题，男性倾向于先示威，分出长幼尊卑。而女性却习惯先示好，分出敌我。所以，女性总是比男性笑得多，而笑容是表达友善的最重要的身体语言。

除了这些，一个人的身体语言还会同他所处的社会阶层、拥有的权力等有着直接的关系。因受到的教育不同，成长的过程不同，通常一个高阶层的人能够较清楚地表达自己的意思，而一个低阶层的人则更多依赖身体的动作来做补充。

同样的表情，表达的思想可能不同

很多时候，通过一个人的身体语言，我们就能知晓他的内心。但有些时候，身体语言却不能任意地以同一个模式来套用理解。身体语言会受到外界条件的影响，如具体的语言文化背景、场合、时间等。

身体语言作为一种特殊的语言，同有声语言一样，也要受到具体语言文化背景的影响，如紧握双拳置于身前，在很多国家表示某人有力量或是较为愤怒的情绪状态，但在日本却不是这个意思，握拳置于身前表示某人“手紧”或者说很吝啬。再如，轻触眼睑（用右手食指指尖置于右眼下眼睑上）这个姿势，在沙特阿拉伯表示对对方的愚蠢行为，自己能看得一清二楚，也即在对别人说“你真是一个傻子”；而在南美洲，这个姿势则表示强调某人看到了有趣之物，即看到了一个美人儿。

在不同的场合，同样的姿势可能表示不同的含义。例如，在咖啡店里，如果你向服务生举起两根指头，他就知道你是想在杯中多加两块糖。而在比赛场上，如果你向观众举起两根手指，则是向他们表示自己有信心赢得比赛。再如手握成绞拳（模仿拧湿衣服绞干其水分的动作）的样子，如果在遇到危险或是进入一个陌生环境做出此种姿势，表示某人要扭断对方的脖子或是表示某人情绪过于紧张，如果在比赛场上做出此种姿势则表示某人充满信心，坚信自己能打败对手取得胜利。

同样，时间有时也会影响身体语言的含义，比如，同样是微笑，当起初一段时间微笑着与某人交谈，表达的是话语投机，颇感兴趣；当长时间地只微笑不说话时，那就是告诉对方：“时间不早了。没什么好谈的了，结束吧！”明知者便会主动停止交谈了。再如流泪，当一个人受到伤害或是遇到伤心事的时候，他多半会流泪，这是实实在在的悲伤之泪；而当一个人忽然遇见意外之喜，或是实现了自己的理想，他多半也会流泪，但这是喜极而泣。

身体语言除了受上述外界条件的影响之外，有时还要受一个人所从事的职业和受教育程度的影响。如一个画家在工作的时候把笔夹在耳朵上可能没有什么不妥，如果一个老师在上课时把笔夹在耳朵上，则可能就有伤大雅了。一般来说，一个人受教育程度越高，其身体语言可能就会越含蓄、优雅，显得彬彬有礼，而受教育程度越低，其身体语言可能就显得越粗犷、直露。

所以，对于不同情况下的身体语言，每个人应该学会要具体问题具体分析。只有这样，你才可能正确理解一个人身体语言表达的真正含义。

轻易点头或许想拒绝

连小孩都听得懂的两句英文就是，点头“yes”，摇头“no”。然而在现实生活中，点头的含义还需要细细揣摩，在很多时候点头并不表示同意，而轻易点头更有可能是一种无声的拒绝。轻易点头所表现出来的是一种无可奈何的心态，明明心中很不耐烦，然而碍于面子或者某种特殊情况，不得已而做出点头的动作，而实际上，它是一种拒绝的表现。

当我们向别人提一个要求时，对方还没等听完自己的叙述便频频点头答应，而最后却没有实际的行动来帮助自己实现要求时，这很明显就是一种应付式的答应，其真实含义为含糊式的拒绝。

当一个对你的性格、目的所知不多的人，对你的请求显示出“闻一知十”的态度，通常是不想让你继续说下去。

不妨试想一下，当我们要帮助一个人时，总是有耐心地听他讲完，然后根据问题的难易程度来决定该怎样做。所以出现这种情况的解释就是要么他不愿意帮助你，但只是出于礼貌而不采取直接拒绝你的办法。要么他没有听懂你的意思，他只能用这种方法来表示听懂了。

通常情况下，总是自己话还未说完，对方就连续地说“好的，好的……”，或者心不在焉地说“行，就这样吧”的时候，往往在我们的头脑中会产生一种不祥的预感，感觉心里没底。非常怀疑对方做出的承诺的真实性，总感觉对方根本就没有听明白其中的意思或者深思其中的含义，而且所表现出来的更多的是无奈和敷衍。所以，当你听到对方轻易答应时，不要被这种现象迷惑，而认为他是个非常热情的人，其实，这时候你要知道，你的目的没有达到，要清楚不能在这一棵树上吊死了，应该去寻找更有效的方式或者求助更加愿意帮助自己的人。

“绝对”者多伴有自恋倾向

相信我们周围都有一个“绝对先生”，他常常开口就说“我绝对没有在领导面前打你的小报告”“今天开会我绝对没有睡觉”“我最爱的绝对是你”“今天的程序绝对得这么改”……所以，这样的人，他的绰号就叫“绝对先生”。其实，根本没有人相信他的绝对，因为每每他说“绝对”时，总会被其他人想出办法来拆穿。

“绝对”的含义原本是强调某件事可能发生或不可能发生的极端程度。但在现实生活中，人们使用“绝对”所表达的意思，其实往往未必真的绝对，他们将原来所具有的强烈程度大大减轻了。比如说，在工作和生活的场所，我们常常听到人们动不动就说：“我认为绝对只有这个办法行得通……”或者一些小学生，他们也喜欢用绝对，如，“我敢肯定，老师绝对没有发现我抄你的作业！”常把绝对挂在嘴边的人，包括上文的“绝对先生”，他们口中的绝对，往往不是真的绝对，这些加强肯定的强调词在他们这里，早就变了味道。

经常爱说“绝对”的人，大半有一种自恋的倾向，他们主观意识相当强烈。一旦自己的想法或过失遭到别人质疑或指责，他就会想方设法为自己辩解，为了掩饰内心的不安和保护自己。他们特别喜欢利用“绝对……”这样的字眼和语句，企图使自己的行为在别人的心中更加合理化。基于这点，我们就可明了，这种人之所以用“绝对”，不过是在向别人坦白：“为了避免你怀疑我，我只好用这样的字眼肯定自己使你相信，这样做我没有办法。”由于这种人的想法都是以自我为中心，所以他们做事总是依自己的主观臆断，由于视野狭隘，他们往往想出一些不适用的幼稚想法，而且通常不会产生很好的效果。由于这类人自私自利，很少站在别人的立场上看问题，一切的想法都是独断、自我的，所以这种人可说是傲慢自大、目中无人的典范。

可见，使用“绝对”的人，除了爱自己，还喜欢把“绝对”作为防卫性的借口。如果他们犯了错，“绝对”更是他们的挡箭牌。例如，“从此以后我绝对不再吸烟”“从今以后我绝对不再犯错”，借立誓来使自己免受责备。所以不用想也知道，这种人的“绝对”不是真的绝对，他们的话是最靠不住的，因为他们十分清楚自己绝不可能不再犯，为了掩饰自己内心的真实想法，所以才在不知不觉中又说“绝对”来加以强调或欺骗。他们骗别人更是在骗自己。

“绝对”也往往是男女交往中的甜言蜜语，例如，“我绝对不会离开你，除非我死”之类的话，当然这是为了表明自己内心的想法。双方在交往一段时间以后，为传达彼此深厚的爱情，也会使用“绝对”一词，但这与刚认识时信口表达的“绝对”是不同的，这时的“绝对”或许已成为一种两心相知的肺腑之言了。

同时也提醒我们在说话时注意，如果是没有把握的事还是保守一些好，“绝对”说多了自己的信任度也就少了。

言语习惯与内心秘密

人们将表达的意思传达给对方，就是为了让对方更好地、更愉快地接受。但风格迥异的言语习惯，让这个接受的结果千差万别。而在意识到这些的同时，我们也可以顺着这条“线索”去探寻别人的内心秘密。

1. 习惯抵触别人的人

习惯抵触他人的人是沉湎权力的幻觉中的人。他们总认为自己是最权威的，在自己发表的意见受到挑战时，他们会感到自己受到了威胁，所以立刻会说一些相反的话，提供更多的信息来挽回自己的气势。只有感到自己在道理或气势上压倒了别人，他们才会住口。但这常常让别人下不来台。这些人在言辞上充分表现了对他人的不尊重。他们处处跟人竞争，总是以强者姿态出现，给人极大的压迫感。通常，这种现象常见于兄弟和夫妻之间，他们要在反驳的最后，得到言辞上的胜利，以感到自己的强大、优越，并以此获得快乐。但实际上，这只说明了他们的无礼、神经质、缺乏安全感和精神卑微的特征。

2. 习惯搬弄是非的人

搬弄是非的人是无法自控的。他们自我感觉不好，往往在心理上得不到满足，所以要搬弄是非。这类人往往很卑鄙、虚伪。他们很容易出卖朋友，也无法保守秘密，你告诉他的任何事他都会讲给其他人听。这类人都善嫉妒，喜欢攀比，对于他们妒忌的人，绝不会心慈手软，常不择手段地通过泄露隐私来玷污对手名誉。他们非常注意观察每件事物的细节，所以你要留心对他们说的话。他们完全有能力曲解你的话，并把这一曲解以非常快的传播速度变成尽人皆知的花边新闻。

3. 停不下的话匣子

这类人是非常不适合社交的，因为他们往往不注意别人是否有时间和他们说话。他们说话常是为了安慰自己或者让自己镇定下来，从而转移自己对烦恼的事或者一些重大的情感问题的注意力。这些人喜欢听自己说话，所以他们的个性中常常有一些自恋的倾向。他们不在意自己是否对别人产生影响，太过投入的他们，是感觉不到自己有多么令人厌烦的。

从心理学上来讲，他们不停地说话，也许是一种自我防卫机制，以此来回避被遗弃和孤独的恐惧感。因为他们非常需要听众，所以他们要和别人待在一起。就算身边没有人，他们也会自言自语。

4. 经常抱怨的人

这类人对所有的事都抱怨不停。他们总是觉得自己是最受委屈的人、最可怜的人，话题总是围绕着这些展开。他们频频向他人求助，从而企求别人的注意。然而，当别人提供帮助的时候，他们又很少真心地接受。他们自卑自怜，总是生活在过去，是典型的杞人忧天和自寻烦恼者。他们与别人谈话时总是让人感到非常厌烦，总是能把别人的心情变得沮丧。

对于自己不能解决的困难，他们总能找到借口为自己开脱。他们似乎总是扮演受害者，但时间久了，人们就不愿再关注了。

5. 待人高傲的人

身份高贵的他们从来都不会听人说话，只会对人说话。他们就像旧式的贵族一样，用一种很超然或教训的方式说话。他们用一种高人一等的态度跟人说话，并习惯于让别人感到很渺小。能说会道，爱用大词，是他们的特点。但实际上，他们为人并不实在。

不尊重他人，也不太在意别人是否有话要说，是一种缺乏教养的表现。他们需要不断地说话、解释、发表训导式的讲话以及传道解惑来使自己的观点被人理解、接受。如果有人顶撞他们，他们会感到极其受辱，是自负、喜欢控制别人的人。

习惯性迟到背后的轻视

这几年流行着"血型"识人术，根据血型来识别对方的性格。在时间概念这个问题上，有这样一个定论：拘谨认真的A型血最有时间观念，必定会严格遵守约定时间，绝对不会迟到，而且喜欢早到；B型血大大咧咧，对约定时间一点儿也不在意，经常是迟到的角色，而且迟到很久，甚至别人都到达约定地点时他还没出门；AB型血有上述两者的性格因素，他们不会像A型那么严格地要求自己早到很久，也不会像B型一样不靠谱；O型血也是经常迟到的人物，不过他们比B型血的人好些，迟到时间不会过长。

迟到究竟和血型有多大关系？其实，没有人能完全地肯定。不过，从一个人对迟到的态度还是可以推测出他的一些性格特征。

守时是基本的礼貌，但有些人总是习惯于迟到。他们总是习惯性地迟到一会儿，少则几分钟，多则不超过二十分钟。其实只要早一会儿从家里或单位出来就可以避免迟到，但是他们就是做不到，而且，每次迟到都要费尽心思地找借口，什么"堵车""忘记东西又回去拿了一趟""表坏了"，等等，然后下一次继续迟到。这种人很容易给别人留下"散漫""没有时间观念"的印象，难以成为职场上的成功人士。

你身边有这样的人吗？他们平时做事可能态度也不错，也肯定不是每次都迟到，但是和你约好见面时，却总是习惯性地迟到几分钟。如果你的身边有这样的人，那么你要注意了，因为习惯性迟到是因为态度傲慢，表示他看不起你。这是因为在他看来，你是无关紧要的，因为迟到一会儿，给你造成麻烦，也没有关系。所以，他才可以一直迟到。

总是迟到的人，也是不遵守时间的懒散家伙，并且比较自私。他们不考虑对方，只想到自己。不过归根结底，还是态度傲慢，觉得自己居于上位，迟到没有关系。遇到这样的情况，你应该先反省一下，看看自己是否也常迟到。如果有，先改变自己的这个坏习惯。如果没有，就应该根据情况采取措施了。不过，如果对方是你的上司，那你只好忍耐了。但是，如果对方是你的同事，哪怕是资历比你深的前辈，你就要想办法解决这种状态了。因为，如果你一味地迁就他的迟到，只能会被他一直小看。

不过，也有故意迟到的情况，并以此来试探对方对自己的重视程度。比如，在恋爱中，经常会有女孩故意迟到，看男朋友是不是等得不耐烦了。一旦发现有焦躁的情绪，就会想：我才迟到 10 分钟，他就生气了，可见他并不爱我。

如果你等的人迟到时间超过了 20 分钟，那就不仅是态度傲慢的问题了。根据一项调查，“等待的人一直不来”的状态持续 20 分钟后，人就会开始焦躁。所以，迟到 20 分钟，就是挑战对方忍耐力的极限了。如果你等的人迟到 20 分钟，这只能说明他工作秩序混乱，组织性不强。也可以说明，他想借迟到故意抬高自己，向你施压。因为让人等待是一种压低对方身份，从而抬高自己地位的好方法。因此，在碰到这样的人时，应该提起高度的警惕。

也有一些人，习惯于有计划地防备意外发生，也不想急急忙忙地赶过去，所以总会比约定的时间早一些到达。这样的人，守时，对自己要求严格，个性比较体贴，或者不想被人抓住弱点，留下不好的印象。如果提前到达 30 分钟的人，也并不是好习惯。早到这么久，说明对方的性格比较急躁，沉不住气，总是想早点见到对方。

一个人守时是言而有信、尊重他人的表现，而习惯性迟到，是态度傲慢、不懂得尊重他人的表现。所以，当你碰到这样的人，一定要注意他迟到背后对你的轻视。

第七章

闻声识人，从交谈中读懂内心

从闲谈中探窥其内心

生活中，言谈聊天是再普通不过的事，但是，恰恰是这些没有什么正经事的闲谈，能帮我们探知他人的内心世界。

1. 没有自信的人：把剩下的话吞下去

这类人是属于对自己没有自信的人，对自己没有信心，对人际关系更没有信心。对他们来讲，话讲到一半就被人打断，甚至转移话题，这是非常不尊重他们的表现。他们觉得受这样的污辱是很见不得人的，所以尽可能地把话吞进去，还希望大家不会注意到他们。这是一件很令他们难过的事，而他们则是那种受气也不吭声的人。

2. 盛气凌人的人：马上要求对方尊重他

这种人气势凌人，颇有领导人的架势，在他们讲话的时候，不许别人插嘴或打断，否则他们不会坐视不管，而会当面警告对方要尊重他们的发言权。他们会说："哎呀，你到底听没听我说话，等我说完你再说！"他们的性格是很主观的，而且以自我为中心，他们想做什么事，就会按照自己的意思来做，不容许别人干涉，一旦有人干涉，他们会毫不客气地提出纠正。这除了要有很大的自信外，也要有很大的勇气和很强的实力，这种直接响应对方的做法，很容易引发冲突。

3. 沉得住气的人：等对方说完，再接下去讲

这种人是那种话不说完心里不舒服的人。如果有人不尊重他们，打断他们的说话，而他们会等对方讲完，再接下去讲。从这点可以看出，他们是很沉着稳重的人。虽然他们知道对方不尊重自己的发言权，但他们又不便当面翻脸，只好耐心地等对方讲完，再很有君子风度地继续讲完。这样，一来可以避免话没讲完的尴尬，二来可以给对方一个教训。这种人很懂得制敌之术。

受表扬时的不同表现，体现不同性格

有的人在受到表扬的时候面红耳赤，显得很腼腆。他们温顺敏感、感情脆弱，别人的批评很容易让他们受到伤害，更经受不住意外的打击；富有同情心，关注他人的感受，不会用言语或行动主动攻击他人。

听到赞扬的话，有的人会用一副非常惊喜的样子来表达自己的喜悦。他们憨厚淳朴，不喜欢与别人产生矛盾，经常损失自己的利益来换得安宁；喜欢参加群体活动，交往过程中的大度和慷慨让他们与别人建立起良好的人际关系，他们与他人能够相处得非常融洽。

有的人听到表扬，仿佛听到风声一样无动于衷。他们在工作中兢兢业业，不喜欢因为受到别人的注意而浪费时间和精力。他们对待身边的事情保持一种顺其自然的态度，不喜欢争强好胜；奉献是对他们的高度评价，他们宁愿独处一室进行研究和创造，也不愿加入烦乱的集体生活当中。

听到别人的表扬，有的人立刻会用相应的表扬话语回敬，让对方有被回报的感受。他们有自己的个性，不喜欢依附他人，对自己和生活充满了自信；在人际交往过程中，最讲究平等互利，和他们交往可以毫无后顾之忧，既不必担心吃亏，也不会产生占他们便宜的觊觎念头。

有的人经常用诙谐的话语回敬别人的表扬，有时否定对自己的表扬。他们不喜欢集体活动，不愿受到他人的干扰，将众多的精力和时间用于维护自己的独立空间；幽默含蓄，但又略显放荡不羁，其实这是他们故意封闭自己的一种手段，他们通常不会和别人建立起深厚的情谊。

有的人在接受表扬时较为公平，会在接受别人表扬的时候用适当的好话称赞对方。他们心地单纯，好助人为乐，经常设身处地为他人着想，能够对别人的优点给予肯定，别人非常愿意和他们相处；这类人慷慨大方，能够给予朋友及时有效的援助，和他们共渡难关。

有的人对别人的表扬一点都不关注，他们根本没有心情为表扬浪费过多的时间，所以总是找其他的话语来改变话题。他们反应灵活、机智聪明而且才华横溢，富有眼光，既现实又干练。自信和狂放不羁是他们最明显的性格特征，他们对名利不过度追求，有成就丰功伟绩的可能。

对于表扬自己的人，有的人能恰到好处地表达出由衷的感谢，给对方彬彬有礼的感觉。他们稳重踏实，注重实际，讲究实效，富有进取心，善于韬光养晦，经常出其不意地给人以惊喜；有着独立的行事原则，能够按照预定的目标坚持不懈地努力，不受外界环境影响，更不会招摇过市、不可一世。

回应慢半拍，心思没在你身上

你正兴奋地和别人夸夸其谈，唾沫横飞。这时，对方的回应却是“啊？你说什么？”“什么？我刚刚没听清，你再说一遍”……你是不是感觉自己像个小丑，在唱着寂寞的独角戏？遇到这样回应慢半拍的听众，相信不管你的谈性有多高，你都没有兴致孤单地抱着剧本继续唱下去了。因为你心里十分清楚，他刚才绝对没有听你说话。

“啥？哦，那个啊……”这类句子都属于社交上的“自动防卫句型”，当对方说出这样反应慢半拍的话时，为了礼貌不使你感觉尴尬，他便使用这些句型来补救没有反应过来的停顿时间。虽然他本身并没有在听你说话，但对你他还是抱着尊重的态度的。无论他是想消磨你的时间还是为了给你留点面子，对着“一块走神的木头”唠叨，还是有些浪费感情和宝贵时间的。现在就让我们一起来看看其他的几种“没在听你说话”的表现吧！

1. 打岔后东拉西扯

你的交谈对象绝对不是木头，他会频繁地和你互动。只是很奇怪，每次他打断你之后，都会和你东拉西扯，但是和你讲的话题和正事毫不相关。你简直难以应付。例如，你正和他讨论最近培训的一些问题，可是他却打断你并且兴冲冲地说：“昨天我买了一个翡翠镯子，水头、颜色都很棒……”“昨天我去游泳了，现在浑身疼痛啊！”这种人拥有跳跃性的思维，他常常把人带离主题，为人比较自私，只谈自己想谈的话题。如果想让他认真聆听你的话，简直是痴心妄想！

2. 边看文件边听你说话

你的交谈对象很忙，他一边在看一份文件，一边好像在听你说话。时不时还“嗯、啊、哦……”几声，其实，他多半没有听你说话。如果此时你有求于他，他也“嗯、啊”地答应了。事后你问起，他会十分肯定地说：“我没说过啊。”别以为他是在狡辩，其实他根本没有听到你在说些什么。这是因为人类在讯息处理方面大多依赖视觉，因此，在他认真地看一份文件的时候，基本上当你是空气了。所以学着聪明点，给他留点空当吧！

3. 不停地深呼吸和唉声叹气

你的交谈对象如果一直在做深呼吸并不间断地唉声叹气，那么他的心里对话是这样的："呼，吸，呼，吸……我都快睡着了，他还在唠叨些什么呢？我一句也听不进去啊！""唉，简直是折磨人，他还要唠叨多久呢？唉！他在说什么？"此时你的谈话就应当适可而止了！

4. 有点动静就东张西望

一根针掉地上了、有只蚊子飞过、短裙美女飘过、窗外的刹车声……这些通通逃不过他的法眼，只要有一点风吹草动他的视线马上跟随着去了。看到这，你还要继续说下去吗？他这样的状态表明随便什么事都比你说的话有趣。实际上，他真的很难专注听你说完，你应该把话筒转交给他了。

5. 眼神涣散

如果你的交谈对象开始出现目光无神、眼神涣散的状态，说明他已经筋疲力尽了，他甚至连假装听你说话的力气都没有了。他即使抬眼盯着你，也是直勾勾的，看到的是静物而不是你。他觉得累了、无聊了，只想和你说再见。

说话间隔时间长，凡事理性先行

某公司下午紧急召开会议，公司负责人中午却喝多了，他摇摇晃晃地掏出秘书午饭期间赶出的发言稿，大声地朗读起来。读到一段话的末尾，领导字正腔圆地说："括号，此处有停顿，鼓掌……"大家在愣了片刻之后，哄堂大笑。当然，这仅仅是一则笑话，但是这也反映出说话语句间隔和缓急变化的重要性。

平均来看，人类一分钟可以说 150 个字到 200 个字，每句话之间的间隔时间大概在一秒到两秒。每个人的说话习惯不同，有的人说话简直像连珠炮，一刻不停歇，让你听了都感觉累。而有的人说话速度正常，但句与句之间间隔时间特别长，有时听得你都快睡着了。别以为他是慢性子，有这样的表现恰恰表明你的谈话对象是个喜欢深思熟虑的人，他所说的每一句话往往都是经过反复思考的。他平时给人的印象是冷静、有条理、做事理智。当然，他也会习惯性地怀疑别人。如果你和他交谈，辅以书面材料或研究数据比你夸夸其谈要有效得多，别以为你们交情很深，他就会感情用事。其实，他这人最重事实，喜欢做逻辑分析。

可见，从一个人说话间隔的时间和说话速度，可以分析出他的个性和心理。现在，就让我们一起来看看其他的语言习惯吧！

1. 说话没有停顿点的人，喜欢吸引你的注意

他有时自信，有时自大。他主观意识很强，说起话来总是滔滔不绝，几乎没有停顿点。想让他听进你说的话，还真不是件容易的事，他更喜欢你能专注于他的谈话。如果你试图打断他，他会明显不高兴。他喜欢吸引你的注意，如果你对他的谈话表现出浓厚的兴趣，他会变得很友好。

2. 说话缓慢平稳的人，喜欢和你分享生活经验

听他说话，你会感叹："他说话简直就像电视科普节目的旁白啊！"是的，这就是

他说话的频率特点。他表现得很成熟、理性、随和。他总喜欢和你分享一些生活的经验。你和他沟通不会有压力感，他总是从客观的角度看待事物，并且对你表现得十分友好。

3. 说话速度由慢转快的人，是为了掩饰内心

如果你的谈话对象说话速度忽然由慢转快了，这表明他非常紧张或着急。他想掩饰住自己内心的真正想法，想以较快的语言速度来干扰你的判断。当然，如果他谈到的话题正好是自己比较感兴趣的，一般也会出现语速忽然间加快的现象，这就需要依具体的语境来判断了。

4. 说话速度由快转慢的人，对你有所怀疑

如果你的谈话对象说话速度忽然由快转慢了，你要好好考虑你的谈话重点了。一般他们出现这样的反应表明他们已经开始对你有所怀疑了，甚至对你有隐隐的敌意。通过放慢语速，他是想强调自己内心的想法和观点，也想告诉你他有不同的意见。如果此时你不能掌握他释放给你的讯息，他的敌对心态和怀疑将会进一步加深。

说话时常清嗓子，可能是在掩饰焦灼的心

曾国藩认为，每个人的声音，跟天地之间的阴阳五行之气一样，也有清浊之分，清者轻而上扬，浊者重而下坠。声音始于丹田，在喉咙发出声响，至舌头那里发生转化，在牙齿那里产生清浊之变，最后经由唇部发出去，这一切都与宫、商、角、徵、羽五音密切配合。所以我们在识人时，可以听他的声音，要去辨识他独具一格的地方，不一定非要与五音相符，通常我们只要听到声音就会想到这个人，于是就有“闻其声而知其人”的说法。说话的声音和习惯可以反映说话人的心理，要判断一个人究竟是个英才还是庸才，不一定非要见到他的庐山真面目，有时候听听他的声音就可知了。

在比较正式的场合，如果遇到一个还没开始说话就清嗓子的人，你基本可以断定他是由于紧张和不安所致。在说话的过程中不断清嗓子的人，可能是为了变换说话的语气和腔调，还有的则是为了掩饰自己心中的不安和焦虑。如果有人在说话过程中并不是不间断地清嗓子，而只是偶尔一两次，这多半是表明他对你说的问题并不是十分认同，还需要仔细地考虑，认真地商定一下。有时候，陌生人之间故意清嗓子还表示一种警告，往往是为了表达自己的不满情绪，同时也包含着向对方示威、挑战的意思，告诉对方自己可能会不客气：“你尽管放马过来吧！”

可见，如果一个人说话的时候，不断地清嗓子，那说明此人对自己的话根本就没有信心，他只是为了掩饰自己的不安，而且这种人具有杞人忧天的倾向。再则，如果男性出现叼咬烟头、用唾液润湿的动作，多半表明他的心理不成熟，也没有主见；反之，如果说话慢条斯理的人，通常都是心中多有主见的人。

单位的领导者或一个团队的主管，讲话的时候总是逻辑严密、慢条斯理，这不光可以体现他们卓越的管理能力，更主要的是因为这些人说话的时候有自己的主见。如果随便在员工里拉上一个人去讲话，即使准备充分，他们也多半会磕磕绊绊，不断清嗓子，表现得异常紧张。相反，讲话慢条斯理的人，在讲话之前会充分考虑好自己的言语或表达方式，所以他们往往表现得胸有成竹。而且这样做更容易表述自己的意思，可以提高沟通的效率。通常，他们的心理很成熟，面对问题的时候不会鲁莽和急躁，有自己的主

张和见解，不会事事都询问他人。当然，也绝不是从不听取别人的建议。这是因为这种人通常头脑极为冷静，能看清事态的发展和变化，关键的时候能拿主意，但绝不是逞能。如果遇到困难，即使内心不安，也不会表现在脸上。他们在生活中也比较沉稳，做事有计划、有条理，不至于活在忙碌和烦躁当中。

所以，如果一个人在说话的时候不断地清嗓子，往往是信心不足、内心不安的表现。

摆出与众不同的姿势，要发表自己的意见

人的姿势一般分为坐姿、站姿、走姿、睡姿等，一个人的姿势往往会体现出心灵的暗示。与人交谈中，我们可以从他坐的方式、坐的姿态、坐的距离或者站的角度、站的方向等不同的身体语言，来窥探出一个人的真实意思，了解一个人心理的动向。倘若在交流的过程中，谈话对象摆出了与众不同的姿势，那就表明他想告诉你："我有话说，我想谈一下自己的想法！"

1. 自信思迁型的坐姿

如果谈话对象对你摆出这种与众不同的姿势，代表他们想发表自己的意见了。他们通常会将左腿交叠在右腿上，双手交叉放在腿内侧。他们具有较强的自信心，特别坚信自己对某件事情的看法。如果他们与你发生争论，可能他们并没有在意与你争论的观点的内容，他们只想表达自己的想法，对你的话完全没有在意。

他们天资聪明，总是能想尽一切办法并尽最大的努力去实现自己的梦想。虽然也有"胜不骄、败不馁"的品性，但当他们完全沉浸在幸福之中时，也会有些得意忘形。这种人很有才气，而且协调能力很强。在他们的生活圈子里，他们总是充当领导的角色，而他们周围的人对此也都心甘情愿。不过这种人有一个不好的习性，喜欢见异思迁，常常是"这山看着那山高"。

2. 投机冷漠型的坐姿

这种人通常将右腿交叠在左腿上，两小腿靠拢，双手交叉放在腿上。他们通常看起来非常温和可亲，状如菩萨，很容易让人亲近，但事实却恰恰相反，你找他谈话或办事，一副爱搭不理的举动让你不由得不反思："我是否花了眼？"你没有花眼，你的感觉很正确，他们不仅个性冷漠，而且性格中还有一种"狐狸作风"，对亲人、对朋友，他们总要向人炫耀他那自以为是的各种心计，以致周围的人不得不把他们打入心理不健全的

类型。他更不会听进去你说的只言片语，他只想发表自己的想法。他做起事来总是三心二意，并且还经常向人宣传他们的“一心二用”理论。

3. 放荡不羁的坐姿

放荡型的人坐着时常常将两腿分开距离较宽，两手没有固定的放处，这是一种开放的姿势。他们喜欢追求新意，偶尔成为引导都市消费潮流的“先驱”，他们对于普通人做的事不会满足，总是想做一些别人不能做的事，或者不如说他们喜欢标新立异更为确切。如果你和他们交谈，他们表面会是一副认真聆听的样子，但是思维早已不知游走到什么地方了，他们最喜欢你静下心来听他们侃侃而谈。

这种人平常总是笑容可掬，最喜欢和他人接触，而他们的人缘也确实颇佳，因为他们不在乎他人对自己的批评，这是别人很难做到的。从这方面来说，他们很适合做一个社会活动家或类似的职业。

4. 古怪型的站姿

古怪型的人常常将双脚自然站立，偶尔抖动一下双腿，双手十指相扣在胸前，大拇指相互来回搓动。这种人的表现欲望十分强烈，喜欢在公共场合大出风头。倘若你和他们交谈，给他们耳朵认真听就行了，他们不会给你机会插嘴，只想发表自己的意见。

他们喜欢争强好胜，容不下别人。如果大家都说太阳是圆的，他们一定会说是方的；若大家都说是方的，这种人肯定会问大家：“太阳怎么会是方的呢？”他们不是愚蠢，而是十分聪明，大家都不能把井里的月亮捞出来，他们就行，不信？他们用一个洗脸盆就办到了。

5. 抑郁型的站姿

抑郁型的人通常是两脚交叉并拢，一手托着下巴，另一只手托着这只手臂的肘关节；这种人多数为工作狂，他们对自己的事业很有自信，工作起来十分投入。废寝忘食的行为对他们来说是家常便饭，自己的另一半更是经常被冷落在家，幸亏他们的伴侣多是理解型的。

这种人更为引人注目的是他们的多愁善感，从他们丰富的面部表情就可以显示，他们是那么容易喜怒无常，甚至，在他们的言行中也表露无遗。刚才还在与你喜笑颜开，夸夸其谈，突然脸色沉了下来，一句话也不说，最多时不时地参与你们的谈话中苦笑一下，显得很深沉的样子。他们有很强的表达欲，只是有时候忽然不知道从哪开口说起，其实他们很想表达自己的想法。他们对这个世界倒是很具有爱心，可以经常看到他们的奉献精神。他们也很坚强，一般不会向人屈服，也不会由于重重摔了一跤，就不再继续在充满泥泞和荆棘的道路上前行。

语速突然加快，心中往往紧张不安

人有两种表情，一种呈现在脸上，一种则在言谈中体现。而语速就是一个人“言谈表情”的最直接表达。

曾有一位心理学家偶然间发现，当一个男人在外面做了对不起自己妻子的事情后，他可能会买一些鲜花、首饰、衣服等来讨好妻子。在妻子表现出有所觉察的样子时，他就会比平常说话更流利，语速更快。

一对夫妻吃完晚餐后，闲坐在沙发上，一边品茶，一边翻阅着两人从恋爱到结婚拍下的照片，突然一张陌生女人的照片进入妻子的眼帘，凭着女人的直觉，她觉得很有问题。于是她问丈夫：

“这是谁呀？”

“她是我朋友，以前的同学。”

“哦？我怎么没听你提起过？而且这张照片我以前也没在影集里见过。”

这时，丈夫突然间语速加快，说：“哎呀，你肯定是平时工作太忙了，以前就有，那次我收拾东西的时候发现的，顺手就放在里面了……”

妻子明显感觉到有问题，但是她并没有跟丈夫大吵，而是温柔地说：“亲爱的，我相信咱们的感情。既然是过去的同学，留一张照片又能怎么样呢？”

丈夫抬起头，看着妻子真诚的眼睛，终于卸下防备，缓缓地道出了实情：“其实，她是我以前的女朋友，我们曾经同窗五年，感情很好，可是因为毕业分开后，就再也没有彼此的音讯。前几天我去外地出差，竟然碰到她了，于是去她家坐了坐，这张照片就是上次从她家带回来的。如果你不高兴，就把照片取下来吧……”

就如同这位丈夫一样，在我们遇到不想谈的话题，或者被发现了某些不想被人知道的事实时，我们的潜意识里会有“赶快说完”的想法，因为我们希望倾听者能立即结束这一话题，以便结束我们内心的尴尬与不安。

当然，并不是所有的语速加快都是说谎的表现，如果一个人平时的语速就很快，那么他的话就不是在故意掩饰。相反，如果平时说话慢条斯理的人，突然提高语速、拉高声调。这很有可能是因为他的某些事情被戳穿了，想通过语速变化来掩盖内心的不安。我们可以根据这一点，在与人交往时，像上面这位妻子这样，进行完美的引导，从而在疏导他内心不安的同时，获得你想要的结果和答案。

都说行万里路不如阅人无数，华敏就是这样一个人，她在一家公司担任人力资源部经理，面试过的人如过江之鲫，因此练就了一双“火眼金睛”，阅人非常有经验，如果应聘者稍有掩饰或者撒了个小谎，华敏都可以轻易看出来。一天，她在面试时，发现一位应聘者在大三下学期有过在大公司实习的经历，在华敏看来，应聘者的这段经历应该是杜撰出来的，于是华敏试探性地问他：“我在你的简历中看到，你大三下学期曾在某某公司实习过，能说说是怎么获得这次机会的吗？”

“好的，”应聘者说，“其实也很简单，我没怎么费力气就得到这次机会了。”但是谈到具体细节时，他却突然间语速加快，很多重要细节一语带过，比如，专业背景并不相符的他是如何被对方选中的？在三个月的实习期主要负责项目的哪方面工作，等等。而且他的眼神虽然表面坚定，但是却稍有犹疑。

华敏知道应聘者是在掩饰什么。但她并没有直截了当地指出，而是开始转移话题，让对方谈谈自己未来的职业规划，以使他放松下来。一般来说，人们的紧张和不安在宽容的气氛中都会被轻松化解。

果然如华敏猜测的那样，在她又问了几个问题之后，应聘者坦白地说出，他确实没有去那个公司实习，只是觉得自己的简历太过单薄，因此把同学的实习经历写到了自己身上。

当我们的谈话对象语言突然加快时，我们不能因为看透了他的紧张和隐瞒，就对他穷追猛打，否则，只会适得其反，让他对你的不宽容产生反感。这时，我们要向前文中的妻子和“火眼金睛”的华敏学习，适时放缓态度，让对方放下防备，然后通过慢慢诱导，让对方说出真相。话说开了，彼此没有心结了，交往也就能顺利进行了。

语速是一个人说话的基本特色。我们平时要多注意这一细微的变化，这样就能看透他人的微妙心理，从而帮助我们在日常交流中及时识破谎言，做出更加理性的判断，以避免给彼此的关系蒙上阴影。

坐椅子的动作，看对方是否用心听你说话

小汪和小李是下任总经理的候选人，两人要合作完成一项公司项目。他们在办公室里商量。小王把椅背朝前，骑跨在椅子上，双手交叠俯在椅背上。小李坐在一旁的凳子上，一会儿后他站起来，用一种俯视的视角望着小王。两人都无法定下心来听对方说话，最后谈话不欢而散。

从这个例子可以看到，小汪和小李既是合作者，又是竞争者。这样的微妙关系也体现在了两人坐椅子的方式上。小汪摆出了一个骑跨椅子的造型，这个姿势显然让小李感到了无形的压力，于是他选择从椅子上站起来。透过这些细节我们可以看出，两个人一心想在气势上压倒对方，根本无心听对方具体在说些什么。

坐椅子的方式分为浅坐椅子前沿、深深地坐在椅子里，等等。我们可以通过观察谈话对象坐椅子的不同方式，来判断他是否在用心听你说话。

1. 骑跨椅子

“骑跨”是比较另类的坐椅子方式，生活中，这样的姿势不是很常见。如果你的谈话对象在听你说话时采取了这样极端的姿势，这表明他对你有很深的抵触情绪，甚至带着进攻的意味。一般这样的姿势在男性中比较常见，这是因为骑跨在椅子上时，两腿能够大角度地分开，可以非常彻底地展示胯部，显现出动作者的雄性特征。这样的人通常都属于支配欲望很强的人，他倾向于控制谈话，并习惯以自己的观点影响他人。所以，当发现你的谈话没有按照他的预想进行时，他就对此次谈话产生了厌烦的情绪。这个时候他意识中的控制欲望就会支配着他使用一些身体语言来传达影响力，他可以很自然地从正常坐姿转换到骑跨椅子的坐姿，如果此时你十分专注于自己的“演说”，你甚至都发现不了这一点。其实，他早就不再用心听你谈话了。

2. 浅坐椅子前沿

你的谈话对象只坐在了椅子的前沿，其实这表明他心里缺乏安定感。他心里的想法是“赶快把话说完吧，我真想马上离开这里”。表面上他好像在认真地听你说话，但是否真的听进去却值得怀疑。由于他坐得浅，上半身是探向你那里的，这表示他想以自己的想法来说服你，没有办法使自己安下心来好好听你讲话！

3. 深坐椅子上

深深地舒服地坐满整个椅子面的人，心中的想法是“多花点时间慢慢地和你聊一聊”，他是个信心十足、坚毅果断的人，他认为比起说服你，和你深入的沟通更重要。但是你和他交流之后发现，他的独占欲很强，有时候不由自主地就想干涉你。大部分时候，他能用心听你说话，但是你要给他足够的时间谈自己的想法，他喜欢按照自己的步调生活。

暗示性动作，对方想尽快结束谈话

假如你是小学老师一定深有体会，在快下课的时候，班上的那些“小麻雀”早就没了耐心，他们往往一边听着你喊着：“不许做小动作，好好听讲！”一边自顾自地把玩橡皮、摸摸铅笔。他们在心里默念着倒计时，翘首期盼下课铃声响起……做这些小动作，他们只是想尽快结束一堂课，不再听你的长篇大论。生活中也是如此。有时候对方明明觉得你的谈话毫无趣味，太啰唆，和你谈话不会有任何结果，但是出于礼貌，他们一般不会指着你的鼻子叫你闭嘴，而会用一些明显的暗示性的动作来提醒你：尽快结束谈话，赶快拿包走人吧。

小动作之一：单手撑住整个侧脸

你的长篇大论使他睡意来袭，他为了避免被你识破只好用单手撑住侧脸，告诉自己：“不要睡，不要睡，再坚持一会儿，快结束了。”有时候他甚至想用手指撑开眼皮，他这是在明示“我都听困了，我真想结束这场谈话啊！”如果这个时候，你还不管不顾，滔滔不绝，相信他一定在心里怨你“没长眼睛”。

小动作之二：眼睛不时向门口张望

一个人的视线总是会追随着自己感兴趣的东西。如果你没站在门口和他交谈，门口也没有人在进进出出，而他却总是不停地向门口张望，这表明你已经把他逼到想夺门而逃的地步了，他们想尽快结束谈话，远离你的噪声污染。

小动作之三：喝水、吃东西

他们会通过喝水、吃东西等动作来干扰你讲话，他们会把东西咬得嘎巴嘎巴响，喝水也会发出呼噜呼噜的声响。这样做表明他们已经对你的长篇大论忍无可忍了，你再不结束话题，他们都有朝你丢杯子的冲动了。

小动作之四：晃动双脚，双手往后撑

如果他晃动双脚或是轻轻敲打双脚，这表明他已经不耐烦了或厌倦了。晃动双脚，双手往后撑是他已经感到累了的象征，他这是在做逃跑的动作，这个姿态的意思是：“你说得不累吗？我听得都快累死了。赶快结束你的废话吧！我不想和你待在这儿了。”

在你了解了这些小动作所暗示的信息后，当你面对某人，无论你的谈话欲望有多强烈，如果你看到他一面在听你说话，一面做着这些小动作，你就可以判定他还有其他事，心已不在你这里，快把他放走吧！

第八章

见“微”知心，爱好折射内心心理

喜欢攀登的人，心理多内向

当你问一个将要去度假的人，希望从事何种消遣时，如果他以登山回答的话，那么，你就可以判断他是个内向型的人。

内向型的登山爱好者，经常组队向岩壁挑战，以攀登、征服人烟稀少、人力难及的险峻高峰为目标。他们对大自然的态度也不同于外向型的人，对于大自然的险峻、壮观以及美丽，他们又爱又恐惧，虽然敢于对它挑战，但是，始终不把它当成享乐的休闲对象，他们一向以真挚的态度对待那些想要征服的高山大川。

一般来说，内向型的人比较能够适应大自然严酷的环境，探险家，登山者也几乎都是内向型的人。真正名副其实的爱好登山之人，不仅抵制不了山峰险峻的诱惑，也热爱高溪流水、山中植物、冰河、虫鸟等山峰拥有的自然景观。当他背着沉重的行囊，当被问及“你到底要爬几次才过瘾”时，他只会回答:“因为那儿有我喜欢的一座山呀……”这一类人几乎毫无例外地，都属于对自己也相当苛求的内向型之人。而外向型的人说“我也喜欢大山”，这时你不妨认为，他只喜欢去那种能够吃野餐的小山丘罢了。

除了登山，还有很多旅行的人是喜欢欣赏沿途的风景。这样的人，往往喜欢新鲜事物，对外界有强烈的好奇心。喜欢欣赏沿途风景的人，大多是渴望无拘无束，自由自在的生活。他们讨厌被人管制，他们对刻板的、乏味的、一成不变的生活充满了厌倦，而希望能有一些新鲜、刺激的东西注入生活中。因此，生活中任何新的体验或新的责任都能让他们精神焕发，使他们看上去特别兴奋。他们尤其喜欢欣赏初次去的地方的沿途风景，途中有更多的新鲜，更多未知的因素等待他们。这类人也不想被局限在斗室之内做呆板无味儿的工作，喜欢时常来点儿刺激，在灰色生活的底蕴上加点色彩，来点儿小点缀，由此给乏味的生活增添些乐趣，使疲倦的神经得到放松。尤其是在第一次去某地的途中，车窗外的一幕幕，都是生平所未见，接连变化，目不暇接，那种惊喜和快乐简直无法用语言形容。待到终于到达目的地，再与周围的一切来个亲密接触，感受当地的风，看看天边的云，就连晚上的星星与月亮都与自己定居的地方那么不同。抚摸山脚的石头，摘朵路边的野花放到鼻子下闻闻，然后戴在头上，从未有过的多种感觉混在一起发生了奇妙的化学反应，使人从心底发出一片感激之情。

除了登山和欣赏旅途的风景，还可以从旅游偏好来窥探人的性格。心理学家认为，了解一个人喜爱的旅游方式，可以推测出一个人的潜在性格。

比如，在旅行时，有的人喜欢欣赏风景。这样的人是不想被局限于斗室之内，呆板的工作往往令他们感到烦躁，他们是精力充沛的人，而且很有幻想，任何生活中的新责任或新体验，都会让他们大为兴奋。

有的人喜欢出国旅行。这样的人，追求潮流和时尚。生活中的变化，会让他们觉得很刺激。此外，他们还充满幽默的个性，不容易被生活的重担压倒，总是过着自由自在、毫无拘束的生活。

有的人喜欢漫步海滩。这样的人，个性略带保守与传统，爱好孤独，有一种离群索居的欲望。不过，由于这种人对朋友和人际关系都很冷漠，所以他们会是好父母，因为他们会把所有心思都放在孩子身上。

有的人喜欢到各地去探访朋友。忠诚是喜欢到各地去探访朋友的人的最大优点，也是他们做任何事情的最大动力。探访朋友或亲戚，会让他们有踏实感。他们是实事求是的人。

有的人喜欢露营。喜欢露营的人是传统思想的拥护者，拥有崇高的道德标准，个性独立，富于创造性。这种人的人生观是讲究实际、讲究客观的。

有的人喜欢参加旅行团。喜欢参加旅游团的人是很理性的人，做什么事情都喜欢计划得井井有条，不期待任何惊奇的意外之旅。此外，他们个性豪爽，喜欢与别人分享一切，而且，当别人懂得欣赏他们的时候，他们会格外高兴。

总之，不同的旅游方式，和在旅行途中的侧重点，可以反映出不同的人的性格。

没事就去钓鱼的人，内心多平和

在现实生活中，许多人，尤其是中老年的男性，都很喜欢钓鱼。他们在河边，一坐就是一下午，纹丝不动，还乐在其中，让人很是不解。其实，喜欢钓鱼的人，在乎的也许不是鱼，而是享受垂钓的过程。而且，他们重视的，也不是鱼，而是在钓鱼时的风景和感受。他们能够用自己欣赏美的眼睛，来欣赏钓鱼时的风景。

喜欢钓鱼的人在闲暇时往往带着渔具，自己划着小船一直到湖中央，待到把一切准备好以后便不自觉地沉浸在垂钓的乐趣之中，或者在钓鱼的过程中充分领略湖光山色。诚如欧阳修所描述：醉翁之意不在酒，在乎山水之间也。喜欢钓鱼的人总是被四周的美景吸引，眼睛盯着鱼漂时会忍不住朝远处阳光照耀下的粼粼波光望去。这时的垂钓者也许已忘记了自己来此的真正目的，完全融入这美景中。比起钓鱼这件事本身，他们也许更喜欢在芦苇间穿梭的鸟儿和在芦苇根处嬉戏的鱼儿，垂钓者即使拿着钓竿，也会被这四周美景吸引，忘记了钓鱼，专注于鱼儿的嬉戏。而此时的鱼儿早已成为美好画面不可或缺的点缀，谁还想得起将其据为己有，然后拿回家熬汤或者油炸。有此念者简直大煞风景。所以，垂钓者将垂钓变成欣赏美景的过程，唯有他们才懂得人生的真谛，懂得过程往往比结果重要。

这样的人，多是与世无争的。他们的个性很随和，对名利看得也比较淡，注重自己的内心平和。当然，喜欢垂钓的人也有理想。理想对于他们一如鱼之于垂钓者，为了理想，他们苦苦追求，不管能否实现，他们总不会忽略追求过程中亲人朋友给予的深情厚爱，就像他们不会为了水中鱼儿而放弃包括鱼儿在内的整个大自然。他们在钓鱼的过程中，投入自然的怀抱。而深情厚爱与大自然不是他们追求的结果，但有时候远远比结果更重要，甚至是人生的根本。在追求的过程中，他们可以用自己欣赏美的眼睛，欣赏沿途的风光，这就足够了。因为喜欢钓鱼的人也深深懂得：人生苦短，岁月催人老，人活一世何必苦苦非要争到个结果。人们往往在对结果的望眼欲穿中，忽略了人生沿途的美景，错过了人生无数美好的感情。因此，喜欢垂钓的人，不会为了完美的结果而忽略更加完美的人生过程。他们是一群懂得生活的人，懂得欣赏的人，他们也懂得在人生旅途中充分领略无数美景，享受生活带来的无上快乐。

总之，喜欢钓鱼的人，具有欣赏美的眼睛，而且较之其他人，他们更知道什么是人生。

喜欢跳交际舞的人多为友善的社交能手

跳舞是人类通过肢体语言进行沟通的方式，它超越了所有的文化，是社会化过程中相当重要的一环。舞蹈就像语言一样，不断演进，同时体现出社会的价值和历史变迁。一个人跳舞的方式和喜爱的舞蹈，比说话更能透露出他的个性，就如人可以用嘴撒一个谎，但是用跳舞来撒谎却是难上加难。

比如，喜欢跳交际舞的人，多为友善、热情的社交能手。交际舞是现代社会的交往艺术，跳交际舞，无论对老年人还是年轻人来说，都是一种很好的娱乐活动和社会交往方式。喜欢跳交际舞的人都很乐意通过交际舞这种方式与人交往。而且，喜欢跳交际舞的人，通常是交际舞会上的活跃分子。舞会刚开始时，主要靠他们来拉近人与人之间的距离，介绍人们相互认识，活跃整个舞会的气氛。音乐响起的时候，他们率先携舞伴步入舞池，在翩翩起舞中带动众人一起加入。一曲终了，他们马上邀请其他舞伴共舞下一曲。因此，在他们热心邀请下，其他人也不再拘谨，大方配合，气氛逐渐热烈。所以，是他们用自己的热情感染着在场的每一个人，依靠个人魅力，他们成为整个舞会的焦点与中心。他们是感情奔放热烈又开朗友善的人，仿佛神经中枢一样，与每个人相互牵连。

爱好交际舞的人，天生是热情而友善的。他们很善于和人们打交道，更善于帮助别人。就像在舞会中的表现一样，在柴米油盐的日常起居中，他们也是积极主动与人交往，并在需要时提供帮助，即使帮不上什么忙，那一片发自真心的热情总是让人感动。因此，他们在邻里朋友中间有极好的口碑。所以，他们不仅是舞会的主角，更是生活中不可或缺的润滑剂。他们很少怕麻烦，朋友们有事，第一时间想到的总是他们。因为他们能说会道，在人情往来中表现练达，可以为事情的完满解决立下汗马功劳。

喜欢跳交际舞的人，可以把任何一个地方当作练舞场，把人生中经历的每个大场面看成一场盛大舞会，在舞会中呼朋唤友，结交知己，牵线搭桥，使任何人都能从他那里得到春天般的温暖。所以，喜欢跳交际舞的人，是友善的社交能手，也是众人眼中的核心。

除了交际舞，还有许多不同种类的舞蹈。不同的舞蹈代表不同的性格。比如，有的人喜爱芭蕾舞。这种人一般多有很强的耐心，能够以最大限度的忍耐心把一件事情完成。他们也很遵守纪律，具有一定的组织性。他们有一定的理想和追求，常会为自己设定一些目标，然后努力地去完成它们。除此以外，他们的创造性也是很突出的，常会有一些与传统背道而驰的惊人之作。

有的人喜欢拉丁舞。拉丁舞包括了桑巴、恰恰、伦巴、牛仔舞等。喜爱这些舞蹈的人，大多是精力充沛而又魅力十足的，他们有很强的自我表现愿望，希望能够引起更多人的目光，而实际上，他们也很容易引起别人的关注。

有的人喜欢跳踢踏舞。这样的人，多数精力充沛，表现欲望强烈，希望能够引起别人的注意。在遭遇失败和磨难的时候，他们能够坚持下来，从而渡过难关。他们的时间观念比较强，不会轻易地浪费时间。而且他们能够随机应变地处理事情，在面对任何一件比较棘手的事情时，都能够保持沉着冷静，认真地思考应付的策略，懂得如何进退，以保全自己。

有的人喜欢华尔兹。华尔兹是一种相当优雅、平衡感十足的舞蹈，喜欢这种舞蹈的人，多是十分沉着稳重，为人比较亲切、随和，有一定的社会经验和阅历的人。他们精通各种礼仪，捕捉着人与人之间十分微妙的关系。所以在为人处世、待人接物等方面，经过时间的磨炼和自我严格的要求，他们总会表现得十分得体、恰到好处，在无形之中流露出一种成熟而又高贵的气质和魅力。

有的人喜欢跳摇滚舞。喜欢跳摇滚舞的多是一些年轻人，毕竟这是一种需要耗费大量体力的舞蹈，人上了年纪，即使是喜欢，也会有些力不从心。无论是喜欢跳的还是只能喜欢而无法跳的，大多是充满了叛逆思想的人。摇滚往往更容易使人宣泄自己心中的不满情绪。喜爱跳摇滚的人，思想大多是比较时尚、前卫的，但这些时尚、前卫的思想往往又很难被人接受理解，更不要说认可，所以说他们又是相当孤僻的一群人。

有的人喜欢探戈。喜欢探戈的人，其多是不甘于平庸的，他们总是追求生活的绚丽多彩，最好还要带有一些神秘性。他们很重视一个人的内涵和修养，在他们认为，这可能是比其他任何东西都重要的。

有的人喜欢爵士舞。爵士舞基本上来说是属于一种即兴的舞蹈，喜欢这种舞蹈的人，多具有灵活的随机应变能力。他们在为人处世方面多不拘小节，只要能说得过去就可以了，而且具有一定的幽默感，这种幽默感并不是故意表现出来的，而是一种机智和智慧的自然流露。他们很喜欢和很多人在一起，但如果只是一个人也能够寻找和创造乐趣。

总之，不同的舞蹈，代表不同的性格。通过观察人们喜欢跳什么样的舞蹈，就大致可以知道他们的性格如何。

电视节目的选择，透露出的心理世界

如今，电视节目已经成为人们最普遍的娱乐消遣，各种节目类型层出不穷，不同性格的人对于电视节目的选择也有所区别。许多人爱看综艺节目、相亲节目，而另一些人却对此类节目不屑一顾，他们热衷谈话类节目。谈话类节目中主持人和嘉宾通常围绕某个时下的热门话题展开讨论，大家各抒己见，常常针锋相对、讨论激烈。爱看此类节目的人通常对时事新闻非常感兴趣，十分享受思考和辩论中各种观点交锋的乐趣。他们思维缜密但略显偏执，凡事是非分明、爱好争论，一旦有人和自己意见不同就要讨论明白、分出高下。这类人非常善于从事逻辑性强的工作，喜欢挑战思维上的难题。从其他的电视节目类型当中，我们也可以了解一个人的爱好所在。

爱看大型综艺节目的人通常乐观开朗，胸襟开阔，生活中的小矛盾和不愉快都不会放在心上，善于看到事物好的一面，因此也总是无忧无虑的样子。然而也常常大大咧咧，缺乏谨慎和细心的态度，戒备心弱，常常因为心软或者疏忽大意而吃亏。

爱看体育竞赛节目的人竞争心强，喜欢接受挑战。他们喜欢享受比赛中的刺激，内心有强烈的打败对手的欲望，而且心理素质较好，压力越大表现越佳。在工作中往往争强好胜、追求卓越，面对困难如同游戏，喜欢在竞争中获得乐趣。

电视节目之外，一个人喜爱的电影类型也能反映出个性特点。一些人非常喜欢看动作片、枪战片，这类影片中有大量的激烈打斗、飞车追逐、爆炸等场面，惊险刺激而血腥暴力。喜欢看动作片的人不但不会因此情绪沮丧或者恐惧害怕，反而当作是释放压力的过程。这类人通常凡事都能想得开，情绪稳定不易受外界事物的刺激而变化，因此每天都过得很快活。

喜欢看悬疑片和恐怖片的人，通常生活平顺而乏味，因此想要体验前所未有的刺激和战栗。和喜欢动作片的人相似，他们是乐观开朗的一些人，情绪不会受到影片情节的影响，只是把它当作消遣的方式。他们把现实和电影中的世界分得很清楚，当旁边的人蒙着头大叫恐怖时，他们会漫不经心地送上一句:“电影都是假的，怕什么！”

喜欢看都市爱情故事的人，通常对爱情和婚姻抱有美好的想象，他们不喜欢看到现实中丑恶的、令人沮丧的一面，常常把自己投入到电影的情节中去体验另一个世界。爱看这类唯美爱情故事的人在生活中也很爱幻想，有点逃避现实的倾向。

喜欢看家庭剧的人通常有很强的伦理观念，喜欢讨论家庭中的各种是是非非，另一方面他们也是非常恋家的人，会把工作之外的大量时间用来和家人相伴。他们没有很强的企图心，对生活的要求不太高，最大的心愿是家庭和睦，大家平安健康。

喜欢收藏的人往往有恋旧心理

很多人喜欢收藏。有人喜欢收藏物品，是为了等待以后升值；有人是为了显示自己高雅脱俗，或者是炫耀自己的财富；有人只是兴趣所在，也为了陶冶情操；还有的人，只是因为怀旧心理。

比如收藏照片和书信的人，就有深深的恋旧心理。他们喜欢回忆过去的欢乐情景，喜欢回忆过去与自己曾经生活过的人，所以，他们收藏照片和书信，收藏那些往日的画面和风景，以及在自己生命中出现过的曾经有过文字交流书信往来的每一个人。每当他们打开相册，或者重读旧日的书信，就好像回到了过去。他们会由衷地感到，过去的一切都那么美好，现实生活中却有那么多的坎坷和挫折，于是，他们更加恋旧，也更加珍惜以前的照片和书信。因此，他们收藏照片和书信，把这些记录过去的美好的物品细心地整理好，时不时拿出来欣赏一番，以满足自己的恋旧心理。

除了收藏照片和书信，还有许多东西可以收藏，并且，根据不同的收藏，可以看出收藏者不同的心理和性格。

有的人喜欢收藏艺术品和古董。因为艺术品或者古董，往往代表着高雅、博学，更是财富的象征，因此，收藏艺术品和古董的人，比较注重自己的社会地位和身份。而且，由于收藏品的档次和价值是收藏者之间品位和眼光的较量，所以，这样的人好胜心很强。

有的人喜欢收集书籍、报刊。这样的人，喜欢在家里读书，有学识和上进心，喜欢独处并能自得其乐。不过，他们的藏书虽然很多，但大多数已经过时，没有使用价值了，但是他们依然对收藏这些书乐此不疲，所以这样的人在实际生活中总是比别人落后一些。

有的人喜欢收藏旅游纪念品。这样的人喜欢不断地追求新鲜、刺激，并具有探索的勇气和爱好。他们为了追求令自己满意的藏品，乐于冒险，出入于荒山野岭之中，将自己的足迹留遍大江南北。

有的人喜欢收藏象征荣誉的物品。此类人大都有过辉煌的过去，他们通常对现状不满，认为自己曾经的辉煌不应该那么快被淹没。所以，他们也是怀旧的人，只能依靠回忆光荣历史来抚慰自己的心灵。

有的人喜欢收藏刺绣。这类人的思维非常缜密，办事井井有条，有主见，不随波逐流，不急功近利。因为无论从刺绣发展的历史，还是刺绣本身所花费的时间，都是一个漫长的过程，所以，喜爱收藏刺绣的人，意志力很强，最后大多能够成功。

有的人喜欢收藏旧票据。这类人有很强的组织和领导能力，办事条理清晰，非常细心和认真。不过，他们的精力也过多地浪费在了没有用的细节和过程当中，有的时候有点杞人忧天。他们偶尔也有寻找刺激的念头，但是到最后还是不会打乱自己的生活状态。所以，他们的生活几乎是一成不变的。

还有的人喜欢收藏玩具。这样的人很容易满足，喜欢待在家里，喜欢过平静安逸的生活。他们也会恋旧，对曾经有过的辉煌感到自豪，并极力保存在记忆中。他们的心比较单纯，有点幼稚。他们追求的就是年轻，会喜欢和孩子一起玩，并能从中得到快乐。

从形形色色的收藏爱好里，可以读出他们不同的性格和心理。不过，总的来说，收藏本身就是一种对过去的留恋。因此，不只是收藏照片和书信的人才有恋旧心理。

爱好冬泳者，内心多坚韧

现在的人，越来越注意锻炼。各种各样的锻炼方式，都能使我们的身心健康得到保证。其实，观察一下周围的人都喜欢什么样的运动方式，也可以判断出他们具有怎样的性格。

比如，有的人喜欢游泳。喜欢冬泳的人，都是有超强意志力的人，特别是冬天也到江河里进行长距离游泳的人的毅力是相当让人佩服的。在冬天，让我们不穿衣服在空气里站一会儿，都觉得冻得受不了，但是，他们却能够心甘情愿地跳进水里，意志力可见一斑。这种人喜欢保持冷静，做任何事情时，从不贸然行事，他认为遇上再严重的险境，能保持清醒的头脑是最为重要的，不希望被强烈的情绪左右自己的判断力。这种人经常以自己有理性、有逻辑而骄傲。在任何公共场合，他也很少公然批评和指责别人，因为他觉得这样做容易树敌。当然私底下对每个人、每件事都有独特的见解，他从来都十分相信自己的分析能力。

冬泳者在事业方面总是追求很高的专业知识和地位，希望得到别人的赏识和尊重。由于冬泳者冷静的个性，或许在某些方面难以得到异性的青睐，因为在对方看来，这种人显得不够热情，不那么容易亲近，这是他们的短处。如果他们能在大众场合多表达一点自己的感受，抒发一下自己的感情，那么别人也许就不会觉得他那么冷漠了。

有的人喜欢步行的运动方式。把走路当成是一种运动方式的人，他们的为人处世就和走路一样，既不稀奇也不时髦，但是一直坚持下来，从中受到的益处却是无穷无尽的。他们没有很强的表现欲望，对能够很好地表现自己的事情并没有多大的兴趣。他们只是保持着相对的沉着、稳重，做自己该做、能做的事情。他们很有耐心，并且也有信心做好每一件事情。

有的人喜欢器械运动。购买运动器材，在家里做运动的人，可能是个冲动的人，因一时冲动，想买运动器材，结果就买了。可是通常都坚持不了多长时间，因为家里事情比较多，比较烦琐，而且也没有那么坚强的毅力。如果是喜欢举重的人，多偏重于追求表面化的东西，而忽略一些实质和内涵，他们通常都是很在意他人对自己持什么样的态度，并为此可能会改变自己，以迎合别人。

有的人喜欢晨练和黄昏散步。喜爱黄昏散步的人不爱好剧烈运动，只是喜欢在宁静中散步，向往自由自在的生活。这种人的行为不拘小节，甚至根本不注重外表和个人卫生，生活上得过且过，给人的整个形象是邋遢、懒散。这种人对大部分事情都抱着无所谓的态度，是个火没烧到眉毛就不着急的人。如果别人托他办事，就要碰运气。当他心情好时，能把事情办得顺当、体面；当他心情不好时，一点小事也会办砸。一般而言，托他办事的人很少。

总之，不同的人喜欢不同的运动方式来锻炼身体，而不同的运动方式也可以反映出他们的性格。只要我们注意观察他们最喜欢哪种运动方式，就可以初步判断他们具有怎样的性格。

爱听乡村乐者多敏感，爱听摇滚者愤世嫉俗

音乐能够影响人的心情，而一个人的性格和心情决定了我们想要听怎样的音乐。当音乐和此刻的心理状态协调一致时，人们的心情就能够得到宣泄，例如，烦恼、悲伤的时候，适合听节奏舒缓的音乐，如果听明朗欢快的音乐，反而会变得更加烦躁。反过来，如果一个人总是喜欢欢快的曲子，说明他大多数时候都开朗乐观，积极向上。曾经有人对七十名来自不同地区的人进行访问调查，首先对他们的日常行为、人际交往等方面进行记录，总结出性格特点，然后请他们分别写出自己最喜欢的音乐，结果发现性格相似的人喜欢的音乐风格也很相似。每个人都有自己喜欢的音乐风格，如果你想迅速了解一个人，不妨和他聊聊音乐的话题。

比如，有人喜欢乡村音乐。乡村音乐出现于20世纪20年代，它来源于美国南方农业地区的民间音乐，最早受到英国传统民谣的影响而发展起来。它的曲调简单、节奏平稳，带有叙述性，很符合内心敏感的人们的脾胃。所以，喜欢乡村音乐的人，多内心敏感。而且，他们的敏感度是非常高的，总是能够在不经意间捕捉到一些不同的感觉，这为他们带来快乐的同时也带来了苦恼。他们的性格比较脆弱，有的简直是不堪一击。梦想与现实的矛盾，欲情与理智的冲突，仿佛是他们始终无法摆脱的网，束缚住心灵。他们也渴望自由，因为被压抑，对自由的渴望更强烈，尤其是那颗敏感脆弱的心，无时无刻不想着突出重围，苦苦追寻中，乡村音乐给他们带来了曙光，使久久在黑暗中徘徊的心灵得到慰藉，让久被束缚的精神获得解脱。这个世界永远不是完美的，他们不同于摇旗呐喊的勇士，能够振臂一呼，云者四应。那只是他们无法实现的梦想。所以，在这难免黑暗与污浊的现实中，这些多愁善感的人只能用音乐来抵抗这污浊。

而且，喜欢乡村音乐的人，因为感性与敏感，使他们成熟老练，轻易不会做出令自己后悔或有损利益的事情。虽然他们为人多较圆滑、世故、老练、沉稳，但他们轻易不会动怒。他们的性格一般比较温和、亲切，攻击欲望并不强。他们比较喜欢稳定和富足的生活。同样因为他们细心而敏感，所以他们喜欢关注社会问题，能够与遭受欺凌的弱小同呼吸。

喜欢乡村音乐的人，可以敏锐地把握社会的脉搏，对时代的发展有极强的感受能力。当静静地欣赏乡村音乐的时候，他们能感受到所处的整个时代。因此，时代的发展与时代发展所带来的社会问题，无不在乡村音乐歌手的演唱中表现得淋漓尽致。同时，歌声撩拨听者的那根敏感的心弦，在对歌声的回味中感受着幸与不幸，欢乐与忧伤，喜悦抑或悲哀。

乡村音乐是诗，是专门抚慰那些黑暗中的敏感的心灵的诗。能读懂这诗的爱好者们大都有一颗细腻而敏感的心。而喜欢乡村音乐的人，唯有借助这些诗才能摆脱精神的枷锁，重获自由。所以，当我们身边有喜欢乡村音乐的人，我们可以知道他是一个感性的人，而且他的内心比较敏感。

有的人喜欢听古典音乐。这样的人通常比较理性，遵循正统的规则和主流价值观，他们在很多时候要比一般人懂得如何进行自我反省、自我积累，从而留下对自己非常重要的东西，将那些可有可无的，甚至是一些糟粕的东西抛弃。这样的人大多很孤独，很少有人能够真正地走入他们的内心深处去了解和认识他们，所以音乐在一定程度上成了他们的心灵伙伴。

有的人喜欢摇滚乐。这样的人，多是对社会不满，有些愤世嫉俗，他们需要依靠听摇滚乐来宣泄自己心中的诸多情绪。他们常常感到迷茫和不安，需要有一个人领导着逐渐地找回已经丧失或是正在丧失的自我。他们很喜欢与一些自己志同道合的人交往，害怕孤单和寂寞。在与人交往时，他们不愿意受人摆布，喜欢张扬个性。工作上不愿意墨守成规，喜欢追求刺激的新鲜事物。喜欢摇滚乐的人通常也比较情绪化，容易被一时的情绪控制，常常做出很多冲动的决定。

如果你发现人们对音乐风格的话题并不感兴趣，那么可以转而聊聊他们最喜欢的歌手。既然每个人都会倾向于喜欢与自己相似的人，那么我们总可以在一个人最喜爱的歌手身上发现他们共同具有的某些特质，如果这个歌手的音乐风格鲜明独特就更能说明问题了。

总之，音乐是全人类共通的语言之一，我们的生活离开了音乐会显得枯燥无味。或许每个人都曾有过被某一首音乐作品感动的经历。因为，音乐是一种纯感觉性的东西，喜欢听哪一类型的音乐，就表明他在这一方面的感觉比较好，而这种感觉很多时候又是与一个人的性格紧密相连的。

第九章

细心观察，找到阻碍你识别人心的迷雾

盯着路灯过马路：有主见、性子急

在生活中，如果我们仔细观察，可以发现，同样是过马路，不同的人却有不同的方式，通过他们过马路的方式，可以推出他们的性格。

有的人眼睛一直盯着路灯，一看见红灯转成绿灯就率先走过，迫不及待先越过马路。这样的人，性了很急，是在生活中总被时间追着跑的人。他们做事的风格通常也是雷厉风行，不会拖拖拉拉，干净利落，而且极有主见。这些人，因为常常是风风火火地行动，所以会给人一种对别的事都不屑一顾的印象。但是，他们也有喜欢照顾别人的一面。拜托他们的事，一般不会拒绝，而且，一定会尽量帮忙。不过也有缺点，他们会有点武断，只知道按照自己的想法去做事。

有的人则是不紧不慢地，看见旁边的人开始走后，才跟着一起过马路。这类人通常比较合群，性格随和容易相处。但是他们也强烈倾向于按照自己的步调行动，和别人的交往也有自己的底线，比较冷静。

还有的人，总会左右确认没有车辆才通过，而且多半是站在人群中间。这样的人很注意自身安全，平时小心谨慎，害怕风险，有时会有些畏缩不前。也有些人，在过马路时，不在意撞上迎面而来的人，反而从中间直线穿过。这样的人，一意孤行，不会想到别人。他们不愿意与人交往，此外，也是不太会替人着想的人。

通过一个简单的过马路，就可以判断一些人的性格，而当有人从你们之间穿过时，通过他闪避的方式，又可以判断他对你的态度。这说明，走路也是有学问的。两个人肩并肩在路上走，大多时候，是互相配合，尽量走得速度和步调一致。但是，在配合的过程中，即使非常小心或者无意识，也会从中看出，是谁有点超前，是谁有些许滞后，有谁在故意放慢脚步，有谁是完全不用配合地走路，等等。通过这些细节，也可以看出对方是怎样的人。

如果你和他并肩走着，他不知不觉走到了你的前面，说明他是一个性急而竞争心强的人。因为他会无意识地想要超越你。即使他配合你的步调，也只是说明他具有良好的耐心及自制力，可以压抑自己的本性。如果他走在你的前面，还露出不愉快的表情看着你，说明对你有点反感。

如果和你并肩走着，细心注意配合你走路的人，是对你有好感的人。因为他想采取谦和的态度来讨你的欢心，以引起你的好感。而不自然地与你并肩走着的人，是十分害怕和别人不同的人。因为他对自己没有自信而感到不安，所以特意跟人采取同样的行动。

而有的人在并肩走着的时候，会常常撞到。一般情况下，你和对方碰到一次之后，会把距离拉开并且改变步调，以免再次碰到。但是，如果还是会碰到或者撞到，有可能是对方节奏感不佳，或者走路的平衡感不佳。排除这个身体上的因素，且对方在与你产生身体碰触后没有厌恶感，可以判断出他对你有好感。因为这有可能是他有意或者无意地想要接触你。

当然，如果并肩走的两个人是情侣的话，对方如果和你慢慢地溜达，是非常喜欢你的行为。因为这样可以与你亲密地走在一起，而慢慢地走，又可以和你在一起的时间长一些。

另外，当你和你的朋友，一起走在人行道上时，对面有一个行人试图从你们中间穿过，你们会有什么样的反应呢？

实际上，这是一个实验。通过使人刻意从在人行道上行走的两个人之间穿过，观察他们的反应，进而判断他们之间的关系。一般情况下，他们采取的行动有：两个人一起移动，让别人通过。或者，两个人左右分开让行人从中间经过。实验的结果是，采取两个人一起移动的，八成以上是男女情侣。也就是说，如果两个人之间的关系亲密的话，会选择两个人一起行动。

因此，当你和朋友并肩行走，正面有行人过来的时候，请仔细观察你身边的人会如何闪避。如果他的身体向你这边靠来，表示他对你有好感，想要和你有亲密的关系。如果他离开你，让行人通过，表示他对你并没有好感，对你只是像对待客人般的礼貌关系而已。

总的来说，通过观察一个人过马路的动作，就可以初步读出人们的心理活动以及性格。

遮遮掩掩，帽子是欲说还休的谜

细心观察，但凡出入任何一家娱乐场所、大型酒楼餐馆，都会看到有人戴着帽子，而且样式、花样繁多。事实上，帽子除了能御寒遮阳外，还能带给人一种美观、立体的感觉，它可以帮助人们树立某种形象，从而展现人们的个性。

1. 选择戴旅游帽的人

戴帽子时，旅游帽既能遮挡阳光，也能抵御寒冷，还可以作为装饰。戴这种帽子的人，会利用它来装点自己，凸显个性和气质。或者也会用它来掩饰自己的某些不满意的缺陷，或者保护自己的秀发。由此看出，他们善于掩饰自己的缺点，真正了解他的人少之又少，因为，一般人看到的只是他修饰过的外表。

2. 选择戴礼帽的人

通常，选择戴礼帽的人希望让自己在他人面前表现得沉稳和成熟，显现绅士风度。在他人面前，他们的服装会搭配得十分整洁，而且即使是炎热的天气也会坚持穿皮鞋，而不会选择凉鞋或拖鞋。

他们内心清高，自命不凡，极具野心，因此在任何一个行业都应当是力争当主管的人物。

3. 选择圆顶毡帽的人

这类人大多兴趣广泛，对什么事情都感兴趣，但从不表达自己的看法，容易服从他人的观点。实际上，并不是没有个人的主见，只是他们是典型的中庸派，不想得罪任何人，所以愿意听从他人的安排。

这种性情的人都忠实肯干，执着而认真。他们认为只有勤劳的付出才有丰厚的收获，所以瞧不起那些不劳而获的人，绝对不贪小便宜，对不义之财绝不沾手。

4. 选择戴彩色帽子的人

通常也是搭配中的高手，他们会在不同的场合，搭配不同颜色的衣服来佩戴帽子。帽子对他们来说，时尚装饰的意味浓于其本身的功能。这类人天生喜欢颜色鲜艳的物品，对流行的物件非常敏感。

他们的生活也是多姿多彩，懂得享受和尝试人生中的各种乐趣，喜欢追赶时代的潮流。他们精力旺盛，时刻都准备着做些什么，所以具有一颗不安分的心。很容易躁动不安，也容易感觉到孤单和寂寞。往往当各种活动都告一段落，喧闹的氛围落下帷幕时，他们也开始被空虚感包围。

下班后的桌子折射出心情转换能力

忙碌了一天，都很累了，下班后，大家都会迅速地收拾东西回家。因此，通过下班后的桌子，也可以看出桌子主人的性格，以及其心情转化的能力。

比如，下班后，一些人会把桌子整理得干干净净。这说明这些人心情转化的能力很强。他们的思想很清楚，很明快。下班了，就要把事情处理好，轻松回家。也说明这样的人，对于什么事都比较淡泊，对周围的环境能够迅速地适应以及应对。如果他们整理的速度还比较快，说明他们想早点脱离工作，想尽快放松一下，尽快回家，并且不喜欢上班占用自己的私人时间，公私分明。上班，就会努力工作，争取效率；下班，就要迅速回家，和家人在一起。另外，能够把桌子收拾得干干净净，说明他们也有很好的生活习惯，喜欢干净、整洁，做事也比较干净利索。不过，他们比较在意别人的目光，不想给别人留下不好的印象，哪怕是以后可能再也不会见到的陌生人。他们也比较爱面子，如果你指出他们的缺点或错误，会使他们觉得非常丢脸，并且对你产生很深的成见。而且，让他们说出内心的想法也比较困难，他们不喜欢对别人敞开心扉。

有的人在下班后，只是把桌子简单地整理一下。他们觉得下班之后直接走人不太好，桌子应该整理一下，所以他们开始整理。但是又觉得整理干净很麻烦，于是就会大概整理一下。这样的人，也非常在意别人的目光。因为将桌子打扫得干干净净的人，有可能是因为自己内心非常爱整洁，并不是特别在乎别人的看法。但是，简单整理一下桌子的人，只是因为顾及别人的目光。而且，他们也容易依照别人的意思做事，所以能和周围的人保持不错的人际关系。

不过，因为他想整理桌子，但是整理得又不认真，说明他们有半途而废的性格。他们觉得彻底做一件事是很辛苦的，虽然开始会觉得这样做是对的，但是干一会儿就会坚持不下去，于是想，大概差不多就行了。所以这样的人，没有定性，对自己也太过纵容。也是因为做事不彻底，让他们很难放开心胸与人交往。即便是他尽量放开心胸与人相处了，也会因此感到不安。

有的人在下班后，根本不整理桌子，而且，进行到一半的工作，也会放在桌子上。

这样的人，很讨厌整理桌子。如果他们的东西是应该整理的，而他没有整理，说明他是一个邋遢的人，并且比较健忘。如果你和他约好了见面，一定要不停催促他，否则他不会准时赴约。如果他是故意不整理的，把进行了一半的工作放在桌子上，这样明天来了就可以直接继续工作，说明他对工作很努力，而且，不会在意别人的眼光，只做自己认为对的事。

按规定速度开车的人，认真可靠

在开车的过程中，一个人控制汽车的方式，和控制自己的方式有许多相似之处。如果把车子视为一个人肢体的延伸，那么开车的方法，也就是肢体语言的机械化身。因此，观察一个人开车的行为和方式，可以读懂他每天的心情与态度。

比如，有的人一直按规定速度开车。对这样的人而言，开车不过是带他要去的地方，而不是一种快乐或刺激的经验。他守法，尽自己应尽的义务，绝不少报所得税，通常以平稳、容易把握的速度开车。他做任何事情都是中庸的态度，即使有很大的把握，也不会骤然冒险。这样的人可靠、不马虎，很适合在政府机关上班。

有的人，行车速度比规定速度慢。这样的人，坐在方向盘后面会令他觉得害怕，觉得自己无法操纵一切。他总是避免把东西放在自己手里，只要有人授权给他，他立刻把权限缩至最小。他嫉妒别人不断超越自己，而他胆小怕事的个性也令自己的家人、朋友失望。

有的人超速行驶。这样的人，不会受制于任何人，很积极向上，而且憎恨权势。他不允许别人为自己设限，如果有人企图这么做，他会找出极端而且可能很危险的方法，来维护自己的独立自主。他的父母和老师很有可能都十分严格，而这是他发泄心中怒气的唯一方法。

有人喜欢大声按喇叭。在现实生活中，这样的人喜欢尖叫、大喊、发脾气；在马路上，他则使劲按喇叭。他对挫折的应变能力很差，经常觉得受到别人的威胁。他通常以一连串的高声谩骂，来表达心中的焦虑和不安，发怒的程度完全和刺激自己生气的原因不合。他做事无效率、无能力，即使哪儿也没去，也总是显得匆匆忙忙。

有的人不喜欢换挡。这样的人希望所有事情都被安排得好好的。他比较喜欢寻找属于自己的生活方式，即使有时候这么做，遇到的困难比较多，他也很少向别人请教。没有人告诉他该往何处去，可能常常是他告诉别人该怎么做。这样的人，是实践家、行动主义者，凭直觉行事而且喜欢把事情揽在身上。

有的人会在绿灯亮后，最后发动车。因为这样很安全、有保障，用不着和别人争吵。

这样的人害怕受伤害，不喜欢竞争，谨慎而不会露出锋芒。而有的人绿灯一亮，抢先往前冲。这样的人，凡事比别人抢先一步是他生存的方式。他喜欢胜利的感觉，因为他不愿被烙上失败者的印记。他已经学会积极，有竞争力，才能够成功。只要有一条线，他总是第一个站在线上的人。他不是向前看，而是向后看，看别人离自己还有多远。

总之，按规定速度开车的人，是认真而可靠的。通过观察一个人开车的行为和习惯，可以读懂这个人的性格和心理。

和全家一起购物：重情重义

周末的时候，或者是节假日，我们一般都会出去购物；或者买一些生活用品，或者给自己置办几件漂亮的衣服。这时，有的人喜欢和朋友或者恋人一起购物，有的人喜欢自己去购物，还有的人喜欢全家老少一起出击。喜欢全家一起外出购物的人，一般情况下，属于重情重义的恋家一族。

喜欢全家一同外出购物的人，一般比较重情重义，而且性格比较憨厚。家庭在他们心目中的地位是无可替代的，他们对家庭有着强烈的责任感和深深的依恋，似乎一刻也不能离开家庭的怀抱。家庭很可能是他们一切行为最基本的出发点，家庭直接影响着他们行为处世的习惯。而且，他们的家庭通常是非常和睦的，因为他们无时无刻不在想着自己的家，想着怎样给家更好的，所以不可能不和睦。而且，他们不但对家庭对亲人有着深深的感情，对待自己的朋友也是一样，他们如果跟谁做朋友，一定是真诚相待的。而且，他们对朋友的事，也会尽量帮忙，有时候甚至为朋友不惜赴汤蹈火，即使损害自己利益也在所不辞。因此，他们也会拥有许多朋友。总之，因为他们的重情重义，他们有了和睦幸福的家庭，和一帮以心相交的朋友。

喜欢全家一起外出购物的人，也比较恋家。恋家的人不仅表现在愿意经常与家人在一起，还表现在无论什么时候都不愿意在外面多待，没有事情的时候只想快点回家。他们每去一个新的地方都会给家人带来这个地方的特产，脑子里想的都是家人。他们会考虑到每一个家庭成员的喜好，然后给他们带回喜欢的物品。在家庭成员过生日或者别的节日时，更是每每会给他们带来惊喜。不过，如果家庭成员中有人出现病患或是意外事故，那对他将是相当大的打击。他们会沉浸在悲痛中，很长一段时间无法自拔。

另外，喜欢全家人一同外出购物的人，也多有较传统和保守的价值观。在别人看来他们整天围着家庭转，生活似乎太乏味了，但他们自己却很满足于目前的这种生活。他们喜欢和家人在一起，无论干什么，都尽量不与家人分开。他们觉得和家人在一起，才是最幸福的。而且，他们也较有安全感，无论在外面受到什么打击，只要回到家，他们就会感到很舒服，心就安定下来了。

这样的人，生活态度也是非常实际的。他们选购的物品多既经济又实惠。而且，他们喜欢全家一起出动购物，为的是让每个人都能买到自己最想要的东西，而自己代替买的东西，怕家人不喜欢。

当我们看到一个人，尤其是男人，领着一家人外出购物时，我们就可以初步判断出，他是一个重情重义、非常恋家的人。

喜欢睡特大号床：渴望独立和自由

人的一生有三分之一的时间都是在床上度过，在床上睡觉、做梦或者休息，因此床是与人们分享最亲密的想法和经验的地方。因为一张床要能够实现上述的目的，所以，这张床必定是安全和舒适的，它能够反映出床主人的特性。

比如，有的人喜欢睡特大号的床。一般人认为，床只要够睡就行了，不用太大。床太大了，只能多占空间。但是，有的人却非常喜欢特大号的床，这是由于他需要有自己的独立空间，而且这个空间要很大很大。他需要玩耍的空间，需要逃避的空间。他不计代价避开被囚禁的感觉，为的是维持自己对自由和独立的那份渴望。劳累了一天，忙碌了一天，他希望回到家后，能窝在自己的特大号床上，想做什么做什么，独立而自由。如果不是自己一个人住，那么特大号床还表示，只要他想和他的同伴保持距离，在这特大号床上随时都可以做到。因为他们在内心深处渴望着独立和自由，所以他们平时也不喜欢和人走得很近。不要看他们平时性格好像很随和的样子，其实内心还是很希望独处的。

而有的人就喜欢单人床。睡单人床说明从小到大的教育方式对他的道德观影响深远，而且他对自己的社交关系限制得也十分严格。他是一个保守主义者，结婚之前，不会和别人分享自己的睡床。

有的人则喜欢四分之三的床。这样的床，比单人床大一点儿，但比双人床小一点儿。只要和某人同床共枕，他喜欢和对方很亲近、很温暖地躺在一起。他可能没有伴侣，不过这段时间不会太长。他还没准备好对某人做完全的承诺，不过，他做好了付出 75% 的准备。

有的人喜欢折叠床。这样的人可能还没意识到，但他们对已经压抑多年的性欲，有着一种深切的罪恶感。他们能够放纵自己，然后再否认自己曾有过的那番经历。每当他们把床折成椅子形状时，他们所关心的只剩下事业，他们把自己的感情和床垫一块儿隐藏起来。这样的行为，可能会令那些刚和他们共度良宵的异性恐惧不已。

有的人喜欢圆床。这样的人，不晓得哪一头是床头，其实，他们也不在乎，因为这样，生活才更有意思。既定的规则无法限制他们，他们喜欢把自己的床当作整个宇宙来想象。

有的人喜欢铜床。对这样的人来说，床就是他们的城堡，四周都有精巧的金属架，四角有四根尖尖的柱子。他们觉得自己十分容易受伤，甚至在睡觉时，也需要保护，才不会受到他人的攻击。企图卸下这种防御心的人，由于无法攻破周身这道坚实的堡垒而倍感挫折。

有的人喜欢自动调整床。只要轻轻按一下按钮，就可以抬高或放低头和脚，而且可以调整出上千种位置。他们是个完美主义者，无论花多少成本，费多少心力，都会追求一种完美的境界。他们为人严苛，难以取悦，刻意塑造环境迎合自己的需求和想法，而且会坚持到底，别无选择。他们不去顺应他人，但要求别人必须适应他。

有的人喜欢让自己睡在地板上，只铺日式垫子。这种来自东方半斯巴达式的地板垫子，有股自律的味道。它们就像地板一样硬邦邦的，而这点正合人意，因为他们从来没有打算让自己舒适自在地生活。

另外，有的人每天早晨起床后会整理床铺。这样的人，是爱整洁、擅长打扮自己的。不过，如果他们每天早上都一定要把床铺打理得漂漂亮亮、整整齐齐，那就是有洁癖。他们会把浴室的每一条毛巾都叠得整整齐齐，家中每一个角落都打扫得一尘不染，而且沙发上还盖了一层塑料套子。别人到家里来，根本无法放松自己心情，因为他们无时无刻不在找寻掉落的尘屑。而有的人每天早晨不整理床铺。这样的人，自以为对人生的态度是如何的超然，其实，这一切反映在现实的生活里，不过表现出他们是一个既懒惰又无纪律的人罢了。他们的床变得邋遢透顶，邋遢到没有人愿意坐在上面。

在生活中，床是对于每个人都非常亲密的伴侣，它陪我们度过了人生 1/3 的时间。因此，通过观察人们喜欢什么样的床，也可以看出他们的性格。

乱加调味品：想象力丰富

在吃饭的时候，每个人都有自己不同的口味。比如，有人喜欢辣，有人喜欢酸，有人喜欢甜。所以，我们经常会听到有人在点完菜后说，“多放点辣椒”“少放点醋”等。还有人口味重，喜欢多加盐，有人口味轻点，尽量少食盐等。总之，不同的人，有不同的口味。因此，在我们日常烹饪时，我们会根据自己的口味，选择不同的调味品。而且，无论是谁，无论是哪一种口味，在烹饪时都难免会用到油盐酱醋等常用的调味品，许多人还喜欢用一些家庭烹饪不太常用的调味品。因此，从对调味品的使用和添加方式上也可以看出一个人的个性特征。

比如，有的人喜欢乱加调味品。这样的人，具有丰富的想象力。他们在使用调味品上不固定，经常会换口味。他们可以发动自己发达的想象力，尝试各种不同的味道。这样的人，一般比较多变。而且，他们做起事情来显得比较灵活，敢于突破，不固守成规，但有时也会弄巧成拙。而且，喜欢在烹饪时乱加调味品的人，多是做起事情来比较轻率的人，他们往往不考虑后果，想到哪里做到哪里，一冲动起来就什么都不顾了。他们的性子也比较急，受不了“三思而后行”这种行为准则，所以常常在轻率之下匆忙做出错误的决定。他们冲动，做事情不经过大脑，经常会做出一些常人无法预料的事情。因此，他们有时像天才，有时像疯子。于是，在别人眼里，他们可算是一种比较另类的人，但在做事情上往往无法得到别人的信任，因为他们做起事情及做出的决定都显得很轻率。他们发达的想象力，也得不到认可。

另外，喜欢乱加调味品的人，性格之中也有一种不安定因素。他们喜欢尝试，不停地尝试，并不考虑是否合适之类的问题。这种人比较适合从事一些创意性的工作，比如，文学艺术类的工作。他们充满了各种新鲜的、奇怪的、常人无法理解的想法，这种思维是需要经常做创意工作的人最需要的。这也是他们想象力丰富的结果。

而有的人和他们恰恰相反，在使用调味品上比较固定，经常使用的就那么几种，没有使用过的，就从来不用。这样不喜欢乱换的人，一般都是比较稳重可靠的人，他们做事情一般不冒险，没有十足的把握不会放手去做，所以他们做事情往往叫人比较放心。

而且，他们不喜欢轻易尝试新事物，有的时候，难免被人说成是墨守成规的人。

总之，如果你有机会去别人家做客，发现自己吃的菜里充满了各种各样的味道，那一定是主人添加了各种各样的调味品。你也可以就此推断出，这家的主人，是一个充满想象力，敢于去尝试新事物的人。

第十章

异性的反应，复杂的心理

爱，让眉目来传“情”

众所周知，恋人之间总喜欢用眼睛来表达自己的想法。无论是“眉来眼去”，还是“惊鸿一瞥”，都展示了两者间的甜蜜情绪。正如一段文字所描写的那样，“当他们四目交投，视线相接时，两个人的灵魂就会互相交融，紧密结合。”所以，在爱情中，眼睛，具有举足轻重的作用。要悟透恋人间的情绪，我们不妨从对眼睛的解读开始。

1. 爱抚对方的眼睛

恋爱中，女性常常会情不自禁地将目光集中在对方的脸上。就像是在抚摸对方的脸一样。如果跟踪她的目光，就会发现，女性对男性的眼睛和嘴唇很关注。因为，女性认为，观察一个人的面部更能看透他人心中的想法，而在自己恋人面前，女性更希望时刻知道他想要表达什么。

相对比，男性则多注意女性的胸部、腿部和臀部，他们的眼光在女性的身上漫游。同样的视线追踪，男性所关注的身体部分则多是具有性暗示的地方。

2. 性感的大眼睛

从古埃及开始，人们就开始利用化妆品让眼睛显得更大。一双大眼睛被视为性感的象征。女性们曾先要掌握让眼睛无须圆睁就可以显得更大的技巧。尤其是埃及艳后的一双勾魂摄魄的眼睛更是验证了这条真理。时至今日，当男性们看到一张娃娃脸上纯真无邪的眼睛时，就会怦然心动。

知道其中的奥秘，恋爱中的女性会积极地使用眼部的化妆品，让眼睛的睫毛显得浓黑稠密，弯曲翘起，从而吸引男性的视线。

埃及艳后正是凭着自己深邃美艳的双眼，才成功俘获了恺撒那颗征战不止的心。

3. 惊鸿一瞥的眼睛

据统计，当男性看到女性扬起肩头，回眸一瞥的时候，会感到非常兴奋。因为，女性柔媚的姿态全都展现在这一个动作中，它显得女性的眼部更富有风情，肩膀的轻轻耸起也显得女性更加娇弱。

4. 调情的眼睛

人们每次眨眼的时候，都会让眼球表面变得更加湿润。当恋人看到一双水润晶亮的眼睛时，无疑会觉得更有神采。因此，很多恋爱中的女性在营造浪漫气氛时，喜欢眨眼。经过逐渐的演变，当两人间有更亲密的暗示时，女性也喜欢眨眼。例如，如果一位女性向男友俏皮地眨动一只眼睛，就会被认为有非常强烈的性的信号。而男性通常不适合做这个动作，他们在日常生活中眨眼的次数较少，所以做这个动作往往有些夸张。

5. 含情脉脉的眼睛

据调查，在恋人之间，女性更容易使用含情脉脉的眼睛。因为恋爱中的女性容易将精力集中在男友身上，对他的一举一动都非常在意。面对心仪的对象，她们会有规律地每隔 3 ～ 5 秒钟扫视对方一次，然后逐渐缩短相隔的间隙，直到双方相互凝视。

这样的做法，会让目光显得更柔和，更深情，更有魅力。男性很容易被这种视线俘虏。有研究显示，对于任何一个男性，用梦幻般的眼神凝视他 5 秒钟，他就会心如鹿撞，然后甘心为女性所左右。但如果男性做同样的事情，结果却往往不尽如人意。因为他们并不能像女性那样擅长将柔顺的光芒隐含在目光里。

一般恋爱时，这种深情的目光能让男性感到自豪和甜蜜。而在结婚后，男性就会发现，女性眼睛里缺少了过去的似水柔情，魅力大大下降。因为，生活的琐事已经让女性无暇再继续注视自己的丈夫了。

对方等你的姿态，看出他对你的态度

女孩子“测试”恋人对自己的态度最常用的伎俩就是约会迟到。通过男孩等女孩的神态、姿势和动作，她们就可以看出男孩对爱情的态度。

你可以在与他进行某次约会时故意迟到一会儿，躲在一旁观看他等你时的表现。具体来说，如果他提前很久（20 分钟左右）在你们约好的地点等你，到约定的时间后，却没看见你的踪影，此时，他脸上露出了焦急、不安的神情，并不停在那儿走来走去。他的这些神情、动作表现了他内心的焦虑、担心，他极有可能会想你可能遇到了什么紧急事情，或是出了什么意外。但是，随着你的出现，他脸上不安的神情顿时消失得无影无踪。这就说明，他很在乎你，并能真正理解、相信、原谅你迟到的理由（当然，你这次的理由是编造的）。能交到这样的男朋友，你是非常幸福的，应该好好珍惜他。

如果他在你们约定的时间准时到达了约会地点，但他发现你却没有到达，于是他把胳膊交叉抱于胸前。此时，他极有可能这样想：“我今天就要看看你什么时候才到，真是讨厌，居然还要我等！”当你出现后，他要么是对你大发牢骚，要么就是横眉冷对。这就表明，他在和你赌气。在他内心深处，极有可能有要主宰你的想法，但碍于此前关系，他又不好明说。当然，他有这种想法或念头并不意味着他不爱你，但可以肯定地说，他最爱的不是你，而是他自己。

如果他在等你的过程中，用一只手紧握另一只手，则说明他在努力控制自己的情绪。虽然他此时心里可能是怒火万丈，但他绝不会将怒火烧到你身上。一旦你出现后，他心中的怒火便会悄然熄灭。因为在他心中，你是最值得他好好珍惜的人，他体谅你是天经地义的事。

如果他在等你的时候，把手插在自己的衣袋或是裤带之中，并在那儿悠闲地走来走去，则说明他此刻正在享受等你的感觉，他也相信你不会迟到太久。他虽然是一个守时、并讨厌别人迟到的人，但出于对你的爱，他会为你开“绿灯”。所以，面对姗姗来迟的你，他依然会笑脸相迎。

如果他在等你的时候紧闭着嘴，满脸怒色，并且紧紧抱住胳膊，这是一种强硬的表示拒绝的动作姿势。当你出现后，不管你如何解释，他依然满面怒色，对你不理不睬。这种情况下，你最为明智的做法是尽快结束和他的这次约会。

当然，以上情况并不是判定一个男孩对某位女孩是否真心的“金科玉律”。在某些男孩身上，虽然可能出现了上述某些动作、神情，但这并不意味着他一定很喜欢或是讨厌她。

牵手方式，不同的亲密度

情侣之间牵手恐怕是最普通的行为之一，只要不是害怕被别人看见的地下恋情，牵手一定是少不了的。然而牵手也有很多种形式，看他如何牵你的手，能够知道他内心对你的亲近程度。

1. 让你挽着他的手臂

这种挽手臂的牵手方式很常见，通常女方属于小鸟依人类型的，依偎在男朋友的身边，而男方通常比较成熟、稳重，有点“兄长”的感觉，对女朋友非常照顾，不喜欢那种像小孩子一样手牵手的方式。但如果他从来不跟你手牵手，只让你挽住手臂，那就要提高警惕了。不肯让你触碰手掌的男人和你之间一定还有隔膜，他对你还有防备或者隐瞒了什么。

2. 让你牵他的手指

处于初恋阶段的两个人可能因为害羞而只牵手指，但如果他一直如此，往往在心里也藏了某些秘密，有事情瞒着你。与挽手臂的情况类似，他不让你接触他的掌心，也就是仍然把你当外人，还没完全对你敞开心胸，当然也不排除他有严重的“手汗”问题。

3. 像握手一样牵你的手

当他用整个手掌握着你的手，说明你们之间的关系很正常，他和你在一起很自在舒适，凡事都愿意和你分享，同样也希望你很坦诚地对待他。

4. 和你十指紧扣

正所谓十指连心，如果他不满足与握你的手，而要和你十指交缠相扣，多半是处于热恋的阶段，想要和你密切地接触，甜蜜的感觉藏也藏不住。另一方面，也可能是他感受到某种危机，想要通过亲密的十指相扣来确认你们的关系，获得安全感，此时可能你们的感情出了某些问题，需要沟通一下。

总之，通过观察情人之间是怎么样牵手的，可以判断出他们的亲密程度。

顺手小动作，比“你真美”更能表露心意

第一次约会之后，最想知道的事情恐怕就是“他对我的印象如何？还会约我出来吗？”由于不知道对方的态度，常常忐忑不安地等待，如果对方并没有继续接触的想法，岂不是一厢情愿浪费时间。其实，从约会中他的小动作，便可以知道他对你的好感程度，预测他会不会再继续约你。

如果约会时，他会不经意地帮你拨拨头发，耐心地帮你把被风吹乱的头发重新理顺，说明在他心里已经把你当成很亲密的人了，潜意识里希望看到你头发整齐光洁的样子。这和许多灵长类动物互相“梳毛”的动作非常相似，例如，猩猩和猴子会用手耐心地为对方梳理毛发，以表达关心和爱护之意。无论是帮你理顺头发还是整理卷起来的衣角之类的动作，都是一种自然流露的疼爱表现。

如果他更进一步，抚摸你的脸颊，则更是一种表现亲密的方式。通常我们只会对非常亲密的家人、恋人或者小孩子，才会抚摸对方的脸颊，这是非常怜爱和亲密的表现。如果他在帮你拨头发的同时，顺手轻触你的脸颊，表明他内心对你已经产生了明显的怜爱之情，想要亲近你、爱护你。虽然可能只是一个顺手小动作，却比他说上十句“你真美”更能表露心意。

再看约会结束时他的动作，即使是第一次约会双方通常都要有礼貌地握手，就算是害羞的男生，握一下手也不过分。如果连礼节性的握手都没有，那么这个男人不是不懂礼貌，就是真的对你没有兴趣，下次再约会的概率几乎为零。如果他想要再约你，握手之后他还会趁机用手碰碰你的手臂，稍微大胆一点的男性，可能还会拍拍你的肩膀或者轻轻搂抱一下。如果仅仅是礼貌性的握手，那么下一次见面的机会也很小。

有的男性即使是第一次约会，也会拥抱你，看起来非常热情，这类男性多半是情场老手、阅人无数。他也很可能再约你出去，但并不一定是认真和你交往，遇见这样的男人最好远离以免自己受伤。

爱吃，多是女人心太空

之前很火的电影版和电视剧版《杜拉拉升职记》中，除去那场浪漫的恋情和眼花缭乱的时装，给人留下深刻印象的一定还有杜拉拉的吃相。无论是徐静蕾版杜拉拉吃巧克力的样子还是王珞丹版杜拉拉吃寿司的样子，都有点有损淑女形象。当杜拉拉感觉疲惫、郁闷、哀伤或是压力大的时候，总是狼吞虎咽大吃特吃，吃得满嘴黑乎乎的，吃得很爽很惬意，还自圆其说，缓解压力的方法一是购物，一是吃，自己没有钱，只能选择吃了。

其实不只是杜拉拉，生活中有很多女人都是贪吃的。而她们的贪吃，满足的不是胃和嘴，在更大程度上，她们的吃，是因为心的需要。

女人好吃，这似乎已经成了一个公认的说法，很多男人觉得女人喜欢吃是因为嘴馋，其实很多时候女人喜欢吃就如同男人喜欢抽烟一样，并不见得对于美食或是烟草的本身有多么热爱，而是因为烟草和美食给男人女人带来的精神愉悦或是舒适感让他们爱不释手。

英国皇室家族的显赫成员戴安娜王妃，也是一个以吃来弥补内心空洞的人。在外人看来，她的生活至少在一开始看上去就像是美丽的童话故事，可是她个人感情生活的不幸和公众的舆论压力让她生活得很累，她多年来一直都在和贪食症及抑郁症做斗争。戴安娜在公众面前显得非常自信，但是在私下里，她总是遭到查尔斯愤怒的指责，说她太不庄重、太过炫耀。这些致使戴安娜的贪食症持续不愈，她的自尊也直线下降。

数据显示，贪食症多发生于女性，男性病人仅为女性的 1/10 左右。研究贪食症原因的专家一语道破：“贪食是一种压力应激反应，基于上述的种种压力，使得患者需要通过饮食来转移注意力，因为暴食后可以暂时缓解焦躁烦闷的情绪。”

一个内心充实的女人，一个在家庭中忙里忙外的女人，一个在职场上忙忙碌碌的女人，是不会有太多的时间和食物为伍的。但凡那些往嘴里塞满食物或是眼神空洞的吃零食的女人，总是那些情感上没有寄托的人。她们把食物吞到肚子里，企图也塞满自己那颗空虚的心。

另外，女性的各方面压抑感都比男性更重。男性的压抑感可以通过烟、酒等发泄，而女性多半就不能如此。于是，在无意中“吃的快乐”就成了女性排遣压抑情绪的一个很好的途径。美食往往也能使女人暂时忘却心中的不满，心情得以放松和休息。

当你发觉女友疯狂吃东西时，要知道她也许正在经历焦躁情绪或空虚感觉的折磨，不妨带她出去散散心，说说话，运动一下，转移她的注意力。这样不仅解救了她的胃，免除了之后减肥的困扰，还安抚了她不安的心，等她熬过这一段，她会感激，原来你这么爱她。

约会动作，透露出的女孩心理信息

情人的约会是浪漫的、甜蜜的。约会不一定需要烛光晚餐，花前月下，而只要两个人心心相印，情投意合。

你和恋人在周末的夜晚坐在环境雅致、音乐舒缓、富有浪漫气息的咖啡厅里。此时，对面女友的动作将透露出她心底的某种信息。

如果在你们的交谈中，你的女友不停地更换脚的姿势，说明她此时正心浮气躁、寂寞难耐，心中有情绪需要宣泄。

如果她在用手摆弄头发，那么有两种情况：一是她在轻轻地抚摸头发，这是她心底渴望你用温柔的言语体恤她的意识的表现；二是她用力地拨弄头发，这是她觉得受到压抑或对某事感到后悔的表现。

如果你的女友总是在拉扯自己的裙子，很在意裙子的长短和覆盖面，这是她自我防卫心理的显示。她能够想象自己衣冠不整的模样，所以严阵以待。

如果你的女友正含情脉脉地注视着你，那么她一定爱你很深。她很用心地听你讲话，眼神和你交会时也不岔开视线，一切都说明她正全心全意地爱着你。

如果她总是在用手抚摸自己的脸颊，那么这是她想要掩饰自己的感情或不愿泄露自己真实本意而在无意中表现出来的动作。你们相处一定不久，或许还没进行表白。

如果女友托着腮听你讲话，是一种渴望被认同、被了解的流露。其实她并不是在认真地听你讲话，而是在对你的迟钝和不解风情做无言的抗议。

如果女友用一只手捂着嘴巴，静静地听你畅谈，那么这说明她正在控制自己按捺不住的喜悦之情。她太喜欢你了，所以正在尽力掩饰自己内心的激动，认定你就是她的白马王子。

如果她常用手摸鼻子或脸颊、耳朵，这是表示她有些紧张，力图掩饰自己，害怕脸颊泄露自己的秘密。她正处于恋爱初期，恋爱使她更加认识到自身的价值；另一方面，她也想让自己不要脸颊绯红或不自主地含情脉脉，以免让你看见以为她已经非你不嫁。

读懂异性的“爱意表达五部曲”

正所谓“同性相斥、异性相吸”，当两个异性互相接近时，其身体都会发生一系列的生理变化。心理学家阿伯特·谢夫伦的试验也证明了这一点。通常情况下，在遇到异性时，为了准备一次可能发生的交往，双方身体血液的流速会加快，脸和脖子会发热，脸部和眼部周围水肿的肌肉会大大减少，身体的很多肌肉也会突起和绷紧，整个人显得精神抖擞，神采奕奕。

如果是一位大腹便便的男士，那么他的肚子会自动收缩，挺起胸膛，并尽可能地显露出更多的腹肌来，以显示自己的男子汉气概，吸引异性的目光；如果是一位女士，那么她会不由自主地挺起自己的胸部，同时提起自己的臀部，以展示自己的女性魅力，吸引异性的注意力。

如果你想观察这些变化，一般来说，海滩或游泳馆是最佳场所。因为在这些地方人们普遍都会穿得很少，这十分有利于观察他们身体肌肉的变化，以及抬头、挺胸、收腹等动作。通常情况下，当一个男性和一个女性面对面逐渐靠近时，上述这些生理变化和一些肢体动作就会渐渐显露出来。而当他们彼此走过之后，双方的身体就会迅速恢复到各自原来的状态。

人类学家通过研究发现，人类的求爱过程可以大致分为5个阶段。一般来说，当一个人遇见自己心仪的对象时，都会经历这五个阶段。

第一阶段：眼神交流

当一位女士在某个场合中发现了一个令自己心动的男士后，她会做出一些动作来吸引对方注意自己。一般来说，她会寻找机会和他对视5秒钟左右，然后迅速把头扭向一边，期待该男士发现自己在注意他。当该男士发现这位女士在注意自己后，他会不停地张望着对方，直到她再一次注视着他。通常，女性如果要想自己心仪的男士了解自己的心思，她需要和男性这样对视3次。当然，在某些人身上，这种互相凝视的过程有时需要重复3次以上，这也是男女调情的第一个步骤。

第二阶段：微笑

当一位女士和自己心仪的男士进行眼神交流之后，她会向他报以一个或是数个快速的微笑。这是一种并不完整的微笑，其目的是给他开“绿灯”，暗示他可以上前与她攀谈，以便可以进一步了解对方。令人遗憾的是，很多男士并不懂得女士向他们报以一个或是数个快速微笑的真实含义，所以往往不会对女士发出的信号做出回应。这就会使很多女性认为对方对自己并没有好感或是兴趣。

第三阶段：整理打扮自己

如果这位女士是坐着的，她就会坐得笔直，头微微上扬，以突出自己的胸部，同时把双手或是双腿交叉，从而增添自己的女性魅力；如果她是站立着的，就会将双腿紧紧靠在一起，翘起自己的臀部，脑袋稍微向一边肩膀倾斜，露出脖子。她会玩弄自己的头发长达 6 秒钟——就好像是在为自己中意的男人梳妆打扮自己。此外，她还可能做出舔舐嘴唇，轻弹头发、摆弄首饰等动作。男士则会站得笔直，挺胸收腹。当然，他也可能会做出整理衣服、抚摸头发，以及把大拇指塞进裤兜里等动作姿势。他们双方都会把脚和整个身体指向对方。

第四阶段：交谈

在双方进行眼神交流、微笑，以及整理打扮后，他就会大胆、主动地向她走去，以便双方进一步交谈。一般来说，他会使用这些老掉牙的开场白：“你真漂亮”“我一定在什么地方见过你”“你真像我的一个朋友”，等等。

第五阶段：触碰

当她和他交流后，如果很欣赏对方，她就会寻找一些机会来轻轻触碰对方，可能是“不小心”碰到，也可能是其他情况。无论是哪种情况，其最终目的是向对方示爱。一般来说，相比于触碰对方的手，触碰对方的肩则又前进了一步。通常，每个阶段的触碰都会重复几下，从而确定对方是否注意到或是喜欢自己这样触碰他 / 她，也让对方知道这样的“触碰”不是偶然的，而是自己刻意为之。轻轻地掸拂或者触碰男性的肩膀会让他觉得该女性是在关心他的健康和外表。握手则是一种进入触碰阶段的快捷方法。

表面看来，这5个求爱阶段有点无足轻重，甚至带有不少偶然成分，但它们在每一段新的恋情中起着非常重要的作用。有趣的是，这也是大多数人，尤其是男性感到困惑的阶段。

第十一章

察言观色，读懂职场中的暗语

从面试官的身体动作，获取有效信息

求职时，人们会遇到形形色色的面试官，从进入办公室开始，你就将一直面对这个人。问题是，我们并不知道他们的性情，因此不知道该如何同他们打交道。此时，不妨先观察一下面试官的身体动作，也许能获取些许有效的信息。

1. 严肃的面试官

当你走进面试的房间，发现面试官一脸严肃，似乎对你的出现没有任何反应，然后对你说："嗯，请坐。"等你坐好后，他开始提出问题。

一般遇到这样的面试官，新手会感到十分棘手。这类人就像是冷酷的"终结者"，很轻易就能把自己删掉。实际上，这类考官可能是较为保守的一类，不想听其他人的长篇大论，他们只注重你的实际能力，他们需要你将自己突出的某方面能力展现出来，而不是做过多的论述。或者，面试官内心也比较紧张，是个内冷外热的人，如果遇到合适的谈论话题，他们或许会和你侃侃而谈。当然，他最感兴趣的还是你的能力和这种能力会为公司带来什么。

2. 热情的面试官

一见到面试者就非常主动热情，握手端茶。如此的举动让你感到受尊重，甚至有贵宾般的感受。甚至，他们还会不停地赞赏你，让你放松警惕。除非你非常有能力，足以让这类面试官仰慕你的才华，否则，他们就是在"作秀"。这样做的目的无非是想让你"小看"了面试的严肃性，然后充分表达，暴露自己的缺点。

3. 礼貌的面试官

对待面试者，他们客气有礼，很注意双方之间相处的距离。就像正式场合中的外交代表一样，既不过分热情也不让人感到冷漠。他们给人的感觉是礼貌的疏远，不会主动挑起话题，只会安静地听你陈述。这类人多心思缜密，城府深，不容易洞察他们的内心，所以，你所能做的就是举止得体，正常发挥。

4. 一言不发的面试官

这样的面试官极少遇到，他们从头到尾也不会多说什么，都是让你做自我陈述，只在最后吐出几个字："好，就这样，你可以走了。"这种面试官一般是等着你自然发挥，看你如何进行自我描述。如果他一直面无表情，那也无须紧张，自由发挥即可。

5. 善于言谈的面试官

他们是会谈中的积极者，一张嘴就能淋漓尽致地发挥自己的能力。这时，面试者应当感到庆幸，这是个自以为是的面试官，他们喜欢表现自己。这样的面试官，需要你将面试中的绝大部分时间留给他们。当你表现出应承或者点头示意的时候，他们会加深对你的认可。要注意的是，他们需要你一直表现得恭恭敬敬，不能出现懈怠或者疲倦的神情。

总之，只要我们注意观察一下面试官的身体动作，就可能获取到一些有效的信息。

后背双手，展现你的威严

在中国古时候的私塾里，教书的老夫子踱步的时候都喜欢把双手背到身后，也许在现在的课堂上，你的老师也正在做着这个动作。甚至在一些电影里，那些西装革履的保镖，都是双手放在背后站得笔直。在这些情景里，后背的双手传递着属于这个动作的信号，即权威与距离。

心理学家有时候称双手放在背后的站姿为“帝王的站姿”，它代表着这个人的威严，警告周围的人不要随便靠近。在生活中，我们经常能看见这样一些走路人，他们高昂起自己的头，胸部向前挺起，双手背在身后，一只手握住另一只手。这实际上是一种充满优越感和自信的姿势。心理学家通过研究发现，一个人在通过此种姿势表现优越感和自信心的同时，还会下意识地表现出一种大无畏的英雄气概，并把身体一些脆弱部位，如喉部、心脏、肚子、胯下等，故意暴露出来。

把手放在背后这一姿势，除了可以显示一个人大无畏的英雄气概以外，还可以让一个人感到放松、自信，甚至是具有某种威严性。比如，当你在台下等候上台发表演讲时，可能会感到有些紧张。这时，如果你悄悄退出来，到外面背着双手来回走几圈，你紧张的情绪会大大减少，更为重要的是，你的自信心也会随之增强。再如，很多军官在检查新兵训练情况，走到队伍前面时，往往会不由自主把双手背在后面，高昂起自己的头，并把胸部微微前挺。如此一来，他们的威严形象顿时在新兵心中倍增。

很多没有携带武器的警察也较为喜欢采用此种姿势，尤其是那些巡警。如果你留心观察一下，他们非常喜欢背着双手、踮着脚，在某一区域内走来走去，借此向别人显示自己的威严，进而去威慑那些企图犯罪的家伙，让他们不敢靠近。与之相反，那些随身携带有武器的警察却很少采用此种姿势来表现他们的权威，他们更喜欢把双手自然放在身体两侧，尤其是靠近腰部的位置（这十分方便他们轻松自如地从腋下或腰间拔出枪来，以应对一些紧急情况），因为武器能给他们带来足够的威严。所以很多时候，那些带枪警察根本用不着双手倒背的姿势，也会让那些犯罪分子胆战心惊。

需要注意的是，双手背在身后的姿势也不是一直都代表权威的，有的时候也可以代表挫败感。当然，代表挫败感的姿势与权威感姿势有所不同。你会发现前者背在身后的双手，一只手抓住了另一只手的肘部下方。

握住手腕的动作标志着此人内心充满了挫败感，他握住自己的手腕，希望通过这个动作稳定自己，控制情绪。而握住另一只手的那只手抓握的位置越高，此人心中的挫败感或愤怒情绪就越强烈。另外，一个人内心有着挫败感时，也会不由自主地收缩前胸，这种含胸驼背的姿势与胸膛挺起的示威姿势是完全不同的。做出这个姿势的人此时不希望自己软弱的内心暴露在外人面前，所以下意识地收缩，希望求得内心的安全感。

这样的动作还会体现出动作者极度的不自信，对眼前的事物有畏惧感。所以在面试中，你一定要刻意留心自己不要做出这些动作，聪明的面试官会一眼看出你内心的紧张与不安，而你不自信的样子也难以给他们留下好的印象。但如果你是一个领导，需要在下属面前展现权威的一面，这个动作是个不错的建议，它可以很好地体现出你的威严并让下属跟你保持一定的距离。

轻拍肩膀，给予鼓励与信心

如果某个同事在我们面前诉说他的失败，我们不知道如何用语言安慰他的时候，通常会伸出手拍拍他的肩膀，这个轻拍肩膀的动作就可以传递我们的担心与鼓励。因为自古以来肩膀都被视为责任、负担和力量的象征，双肩宽阔而厚实的人更容易获得他人的信任，认为可以委以重任、值得信赖。

轻拍肩部的动作可以给对方打气，仿佛通过肩膀传递了力量，当生活、工作中遇到挫折或烦心事，家人或朋友拍拍我们的肩膀，就会感觉到很温暖，就像下属有时需要拍一拍上司的“马屁”一样，上司有时也需要拍一拍下属的肩膀。

比如，下属完成了一件任务后，上司可以轻轻拍一拍下属的肩膀，说:“干得不错！”或者“我就知道你能顺利完成！”这样的动作能拉近下属与你的关系，增添他的信心。同时，这种向下拍肩的动作也能更巩固你的权威。因为上司可以这样拍下属的肩膀，一般情况下不会见到下属以同样的方式对待上司。

为什么拍肩能产生这种效果呢？我们来看看肩膀本身所传达的语言信息。一般的身体语言研究认为，肩部的动作，能够表达威严、攻击、安心、胆怯、防卫等意思。因为肩部上下活动比较自由，因此能缩小或扩大势力范围，同时这些动作也易引起他人注目。向后缩的肩膀表示因积压的不平、不满而引起的愤怒；耸肩表示不安、恐怖；使劲张开两手的肩膀代表责任感的强烈；向前挺出的肩膀代表责任重大引起的精神负担等。

中国古代武将的穿戴盔甲，现代军人佩戴肩章，就是在有意强调肩部，以示威严。男人的西装，在肩部填入垫肩，使肩膀看起来较宽，跟故意使双肩耸起的行为同样属于男性的信号。肩部可以视为象征男性尊严的部位。

这里有一些令人迷惑的地方，因为男性对自己的肩部如此重视，为什么会允许上司碰触，并且不感觉到不适呢？可能的原因就是男性很容易对朋友敞开心胸，所以在朋友面前也不会设防，朋友之间就会经常有勾肩搭背的动作。这样的接触是他下意识地把熟识的人的这一表现看成是朋友间的友好表示，所以当上司使用这个动作时，他就觉得自己与这个权威的代表的关系已经更近了一步。

如果你是一个威严的老板，正在为了如何拉近与下属的关系而苦恼，相信这个动作是个不错的选择，对于不擅长安慰朋友的人来说，轻拍肩膀同样可以弥补这个缺憾。

了解同事的日常表现，看透心理不难

行走职场，如果能洞悉同事真实的心理，将使你在与同事的交往中得心应手，对你的工作、你的事业都大有裨益。看透同事的心理并不难，只要细心观察，看同事平常的表现就可略知一二。

1. 假装忙碌的人

这种人是在掩饰自己的工作能力低下。他们大多对自己的能力产生怀疑，力图通过在别人面前装出一副努力工作的样子，使同事，特别是领导不会轻视自己。而事实上，他们的工作业绩却非常差，为了掩饰自己的弱点，他们除了装忙碌之外，别无选择。

2. 看上司脸色行事的人

这种人表里不一、情绪不稳定，只有在上司在场的时候，才会聚精会神地工作，而上司一旦离开，他们的干劲便会回落到谷底。他们在生活中也是玩着当面一套、背后一套的把戏，用一张伪善的面孔面对周围的人和事。有一些内向的人见到领导就会紧张，结果由于分心而使工作效率大大降低，其实这都是他们的自卑感所致。

3. 心不在焉的人

他们不重视谈话过程，自然不会在意谈话内容，即使听了，也是粗枝大叶、丢三落四。他们办事容易拖拉，一拖再拖，因为他们根本就不知道对方想让自己做什么，只是得过且过；如果目标已经明确，条件也成熟，他们又往往无法使精力集中起来，或是一心二用，接到手中的任务往往不了了之，毫无责任感，终生难有成就。

4. 趁人不注意窥视他人的人

属于心术不正的一类人。他们自身根本就没有什么特长或惊人之处，却总是想着能够“不鸣则矣，一鸣惊人”。他们不知如何才能实现这个愿望，而现实当中又很少有人愿意理会这些空想家，结果是他们的自尊心受到很大的伤害。为了实现自己的白日梦，向世人证明自己的存在价值，他们工于心计，善使机关。

5. 凝视对方的人

凝视是一种意志力坚定的表现，他们往往不用过多言语和动作就已经显得咄咄逼人了，而且不管是男人还是女人，都表明他或她现在是充满力量的强者。如果眼光真的可以杀人，他们的凝视肯定可以成为致命武器，因此与这种目光接触，难免会有受到攻击的恐慌。其实，大多数人之所以凝视他人，只是为了看穿对方的性格而已，并无实际攻击意图。

6. 动作夸张的人

哪怕是鸡毛蒜皮的小事，他们也要蹿上蹿下，扰得周围的人不得安宁。但他们的本质是好的，并不是存心想要别人不舒服，之所以会这样，其实是按捺不住热情，认为光靠言语不足以表达心中炽热的感情，所以必须加进一些夸张的动作来表达自己内心的想法，以引起他人的注意。可是在他们的内心深处，通常存在着极度的敏感和不安，他们无法确定自己的这种方式能否被别人认可和喜欢。

7. 喜欢目光接触的人

眼睛是心灵的窗口，与别人目光接触，无疑是主动向对方展示自己的内心，表明既希望能够深入了解对方，也为对方了解自己敞开了大门。他们充满了自信和直爽，从不怀疑自己的动作会给他人带来不愉快。他们懂得为他人着想，所以做事专心，尽量满足大家的要求，希望做出好成绩让公众认可自己，接纳自己；他们懂得礼貌在交际中的作用，能够把握分寸，非常适合需要面对面进行交流的工作。

以上是职场中常见的一些类型的人的表现，通过这些表现，你可以看透周围人的心理，进而明了怎样和他们相处最好。

外在的表现，揭穿“表里不一”

工作中，同事之间的互动，通常是闲谈之语，难以触动真心，即使内心有再大的波动，各自也会尽量压抑。有关专家指出，人们为了保护自己，会使用更多更复杂的伪装。但是，一些外在的表现也能揭穿人们的这种“表里不一”，因此，在对方什么都不说的情况下，仍有可能探析对方的思维。

1. 目光的暗示

目光的接触通常具有很复杂的含义，但在同事之间，一般使用表示认真聆听的凝视、不满的怒视和普通使用的直视。男性的目光展现威严并不难，而女性在这方面表现得较弱，因为女性往往不能很好地使用目光接触，她们过于敏感和害羞，往往让他人误解。为了展现女性的威严，你不妨什么话都不说，只用严厉的目光气愤地看着对方的眼睛，保持凝固的面部表情。你也可以轻轻皱着眉头或者扬起眉毛。这种姿势保持的时间越长，对方就会感到越心虚，从而让你掌握主动权。

2. 面色的警示

如果迎面而来的同事刚从经理的办公室里走出来，且面无表情，那么此时你最好不要直接上前攀谈。在职场中，当员工不满主管的言行时，常常敢怒不敢言，会表现出一副毫无表情的样子。实际上，他们内心的情绪非常强烈，很需要一个借口来发泄。尤其是当他们面孔显得僵硬时，最好不要轻易与他们说话，更不能再指责他们什么或者说令对方尴尬的话，否则，他们表面上不做回应，内心可能会暗暗决心找机会报复你。

3. 手部触摸的暗示

在办公室里，如果同性之间触摸对方，则可能表示一种鼓励或者优势，而不像生活中一样，展现彼此的亲密。如果是异性之间的触摸，尤其是女性触摸男性，或者她们是想展示权威，但往往会引发男性关于性方面的想法。

另外，当男性频繁地摩擦裤子的时候，说明他们很紧张，因为人们紧张的时候手心通常会出汗，女性一般会使用手绢或者纸巾等来擦手，但男性通常没有这些物品，所以常会揉搓裤子。

4. 选择落座位置的暗示

如果在办公室里有无人坐的空椅子，通常人们会选择不同的位置入座。如果有人选择了靠近角落的位置，则说明这种人在工作中一向处于退让的态度，他们不想过多地被打扰，只想安静地拥有个人空间。如果有人选择了靠近中央的位置，则可能是比较外向，且具有攻击力的人，这些人希望能控制局面，或者做出有影响力的决定。

5. 距离的暗示

工作中，异性之间常常会有一些接触。在距离较近的时候，女性通常对个人空间的大小较为敏感。由于女性表现得比较柔弱或者顺从，常常会忍受男性对其空间的无意识入侵，所以对女性展现权威没有好处。而如果女性想向男性展示权威，她就必须表现得更强势，让动作放大、姿势明显，拉开与对方的距离。

总的来说，通过上面的几种情况，我们可以猜测出同事的真实想法。

上司面前，拍案而起的动作少做

这个动作我们非常熟悉，尤其在影视剧里，一家之主或是某个位高权重的大人物表示愤怒的时候都会做这个动作，原因很简单，因为它表示一种威慑力。并且“拍案而起”这个词现在还屡见报端，一般都是形容一些领导人对某些大事件、突发事件以及民愤极大又没有得到良好解决的事件的愤怒心情和行为，也体现了这些领导亲民、爱民的胆识、魄力和疾恶如仇的性格。在现实生活中，如果交流对象冲你拍案而起，这表示他很愤慨，并想显示威胁力。

一个人做出拍案而起的动作，多是在他感觉人格和尊严受到侵犯的时候。此刻他觉得不应该再临阵退缩，于是拍案而起，想给人以迎头痛击。与之伴随的往往还有手势下劈的动作，这样通常会给人一种泰山压顶、不容置疑的感觉。使用这种手势的人，一般都是地位高高在上、性格有些自负的人。他们的能力很强，一般他们的观点和决定，不会轻易容许人反驳。伴随着这个动作的意思是：“就这么办。”“这件事就这样决定了。”“不行，我不同意！”

日常生活中，大家常遇到一些上司，在讲话时，为了强调自己的观点，显示威胁力，他们通常会做出手势下劈的动作。这个时候，你最好不要轻易提出与他们相悖的观点，对方一般也不会轻易采纳的。如果你非要争论个谁是谁非的话，恐怕他们很容易就拍案而起了。平常，你与同事或朋友三五成群地争论问题，如果有人为了证明自己的观点而否定别人的观点，往往也喜欢做手势下劈的动作来否定别人的观点，打断别人的话。如果争论到高潮，很可能会有人拍案而起了。

如果是在演讲，一般不适合做拍案而起的动作，但是演讲者为了强调自己说话的意思，往往会做出手势下劈或攥紧拳头的动作。这也是他想显示威慑力的标志。握紧的拳头好像在说：“我是有力量的。”但如果是在有矛盾的人面前攥紧拳头，则表示：“我不会怕你，要不要尝尝我拳头的滋味？”这也是他讨厌某人的标志。

历史上，“拍案而起”的例子并不少见。曾有“同治中兴”名臣左宗棠在事关中华民族利益的大是大非面前“拍案而起、挺身而出”的故事，尤为后人称道。当时，清政府与英帝国主义签订了中国历史上的不平等条约，又是割地又是赔款。此时的左宗棠虽然人微言轻，但依然拍案而起，说：“英夷率数十艇之众竟战胜我，我如卑辞求和，遂使西人具有轻中国之心，相率效尤而起，其将何以应之？须知夷性无厌，得一步又进一步。”他痛斥投降派琦善“坚主和议，将恐国计遂坏伊手”“一二庸臣一念比党阿顺之私，今天下事败至此”。他利用自己的朋友关系，四处联络，推动参劾投降派，让清政府重新起用林则徐。正是在舆论压力之下，朝廷不得不撤掉琦善，恢复林则徐的职位。可见，拍案而起的意义是否积极，还要看当时的情境。如果说话者只是为了体现个人的威慑力，那就有些小题大做了。像左宗棠为了维护中华民族大义，义正词严地拍案而起则是气愤至极的自然反应，当然这样的动作也显示了他的威胁力。

当然，我们提倡的是心平气和地解决问题，尽量不要“拍案而起”，在朋友之间会伤和气，尤其是在领导面前，无论多么气愤，这个动作都不要做，因为上司会因为你的挑衅而使事情没有转变的余地。

对工作的态度，透露出同事的性格

人们在不知不觉中都会将自己的性格特征表现在对工作的态度上，所以如果想了解和认识一个人的性格，可以从他对工作的态度上进行观察。

通常来说，外向型的人多勇于承担责任，在工作中，没有机会的时候会积极地寻找和创造机会，有机会的时候会牢牢地把握住机会，他们大多很容易获得成功。

内向型的人在面对一项工作的时候，首先想到的是自己该承担的责任、后果等问题，总是担心失败了会怎样，所以时常会表现出摇摆不定的神态。因为顾虑的东西实在太多，行动起来就会瞻前顾后、畏首畏尾，最后往往会以失败而告终。

工作失败了，不断地找一些客观的借口和理由为自己开脱，以设法推卸和逃避责任，这种人多半是自私而又爱慕虚荣的，他们常常以自我为中心。

工作上一旦出现问题，就责怪自己，把责任全部包在自己身上，这样的人大多胆小。

失败以后能够实事求是地坦然面对，并且能够仔细、认真地分析失败的原因，进行总结和归纳，争取在以后的工作中不再犯同样的错误，这样的人大多是真正成熟的人。他们为人处世比较稳定和沉着，具有一定的进取心，经过自己的努力，多半会取得成功。

工作比较顺利，就特别高兴，稍有挫折，就灰心丧气，甚至是一蹶不振，这种人大多是性格脆弱、意志不坚强的类型。

第十二章

交往，秘密全在不起眼的小动作上

冷冰冰的称呼产生距离感

在语言的分类中，有一类语言被称为“礼貌用语”，比如，“请”“谢谢”“您”等，我们使用这些语言来表现有礼貌。但是有些时候，这些礼貌用语反而让人不喜欢听到。比如，一个很亲近的朋友忽然用“您”“府上”这种冰冷的字眼称呼你，相信你一定会有揍他一拳的冲动，你会感到诧异：“他是不是疯了？他怎么啦？”是的，这种冷冰冰的称呼让你有种不知所措的感觉，除了不舒服你也感受不到丝毫的亲近感。这样的称呼仿佛一下子就把你们之间的距离拉远了。

小莉进入单位的第一天，领导带她认识部门同事时，她非常恭敬地称对方为老师，不少同事欣然接受。三个月过去了，有一天，部门的一位女同事递给小莉一份快递，小莉很有礼貌地说：“谢谢您，老师。”这位女同事连忙摇头：“大家是同事，你可别再叫我老师了，直接叫我名字就可以了。”

可见，称呼并不是简单地喊名字或使用尊称，它还体现着双方关系发展的程度。在人际交往中，可以根据他人对我们的称谓——名字、昵称或是尊称“您”，来判断彼此之间的亲近程度。下面让我们学习一下有关称呼的学问。

1. 称呼你的职务、头衔

如李经理、王主任、张总等。一般别人在称呼你的时候加上你的头衔，这表示他对你敬意有加，他重视你的地位，一般对权力和权威很难抗拒。这种称呼也是中规中矩的，是社交场合中最常见的一种称呼。

2. 称呼你的行业

如李老师、王会计、张律师等。如果你是个从事某些特定行业的人，这样称呼你的往往是你的同事，他和你保持着不远不近的距离，这样的人往往性格内向，略显拘谨。

3. 称呼你的名字

一般来说，初次见面就直呼你姓名的人比较少见，一般都是熟悉的朋友，大大咧咧地喊你的名字甚至昵称。如果对方是和你关系比较亲近的同事、邻居，他往往会在你的姓前加上“老、大、小”等前缀。这样的人往往性格开朗，爱说爱笑，对你的好感也毫不避讳。

4. 叫你的外号

如小泥鳅、小蚯蚓、大笨猪等，能这样称呼你的人，不是你的发小就是你的恋人。你想从他的嘴里得到恭维话，那简直比登天还难。和你相处，他很轻松随意。尽管他的性格里有些逃避的成分，往往不是很积极，而且还总装作对你毫不在乎，但其实在他的心里你才是最亲近的朋友。

在中国，称呼礼仪可谓丰富多彩。在社交生活中，称呼除了体现人与人之间关系的亲疏远近之外，有时候还和具体的语言环境有关。如不同的企业就有不同的称呼。一般来说在欧美企业，无论是同事之间，还是上下级之间，一般都是互叫英文名字，即使是对上司甚至老板也是如此。如果别人用职务称呼你，反而会让你觉得别扭。而有些企业注重传统，企业文化比较正规严肃，大家可能会根据习惯，称呼你为“老师”。这个称呼还适用于文化气氛浓厚的单位，比如，报社、电视台、文艺团体、文化馆等。这个称呼能表达出对学识、能力的认可和尊重，因此受到文化单位职业人的青睐。这样的称呼适用范围很广，很多人在实在拿不定主意称呼你什么的时候，往往都会选择称呼你为“老师”。

相信掌握了这些知识，可以让我们少犯一些称呼错误，也让我们在社交中更加得心应手，与人交往中不会因称呼得罪他人。

根据站姿选择交谈方式

一个人的站姿可以反映出这个人对周围的人和事物的防备程度。人们预感自己可能会遭到某些批评或是受到伤害时，往往会不由自主地做出一些防备姿势；与之相反，他们预感到某些事不会让自己受到批评或是受到伤害时，就会采取一些积极的、竞争性姿势。

姿势一般反映的是个人对自己和他人的看法，站姿也是如此。如果仔细揣摩你就会发现，即使是通过站立这种简单的动作，也能分析一个人的心理信号。

每个人不同的站姿对其精神和心态都有集中的体现。曾有位美国心理学家拍摄了大量影像资料，经过反复研究分析，证明通过观察人们不同的简单站立动作，能捕捉到丰富的信息符号。

1. 标准立正的站姿

这类站姿是较为正式的姿势，两脚并拢，自然站立，不表达任何去留的倾向，但多展现服从的情绪。例如，学校的学生们在跟老师说话时，公司的下级向上级汇报工作时，常采用这个姿势。经常使用此类站姿的人，性格一般比较温和，不轻易对他人说“不”。在工作中，他们踏实但缺乏开拓和创新精神。每当开会时，他们还会利用同样的姿势表示“不置可否”。他们容易满足，且不争强好胜，只是在感情上有些急躁。

2. 弯腰驼背的站姿

站立时弯腰驼背的样子，说明这个人承受着很大的压力，他们缺乏自信，有自我防卫、封闭、消极的性格倾向，或者说他想逃避某种境况或者整个生活，不想承担某种风险和责任。这也就暗示着他在心理上正处于弱势，具有不安或者自我抑制的特点。

3. 自信型站姿

这类站势是指站立时，挺胸、抬头、两腿分开直立，像一棵松树般挺拔。一般具有这样站姿的人都自信且有魄力，做事雷厉风行，并且往往很有正直感、责任感。通常男性多有这样的站姿，非常受女性喜爱。

4. 思考型站姿

这类站姿是指双脚自然站立，双手插在裤兜里，时不时取出来又插进去，就像是在思考着什么。具有这类站姿的人一般比较小心谨慎，思前想后。在做决定时容易犹豫不决，不知如何是好。工作中，他们一般缺乏主动性和灵活性，不会有效率地进行工作。如果在交谈的过程中，有人摆出这种站姿，也表示他有话要说。

这种人在感情上非常忠贞，从不轻易背叛。他们喜欢幻想，常常会构思未来，也因此不愿面对现实和承受逆境，是一个心理脆弱的“理想主义者”。

5. 攻击型站姿

这类站姿指的是将双手交叉抱于胸前，两脚平行站立。经常做出这样站姿的人，通常性格叛逆，具有较强的挑战意识和攻击意识。他们无论是在工作还是生活中，都喜欢打破传统的束缚。他们比别人更敢于表现自己，通常更能发挥创造能力。

6. 靠墙式站姿

靠墙式站姿指的是站立时有靠墙习惯的人，他们多半是失意者，对外界缺乏安全感，容易依赖外力来保护自己。他们个性随和、坦诚，容易与人相处，因此也很容易受到别人影响。

由以上几种站姿传递的信息可以知道这个人是否容易亲近，也为我们的社会交际提供了参考。如果他的站姿没有攻击性和防卫，那么我们就可以大胆地上去和他交谈了；如果相反，则需要好好考虑一下搭讪的方式，不要把人吓跑才好。

自我暴露加快亲密的进程

“90后美女晒败家战果！”

“和亲爱的不可不说的故事。”

“强人晒整容+术后恢复全过程！”

……

网络上，晒各种稀奇古怪的内容的帖子越来越多了。不管是有图有真相，还是简单的文字，总能引起无数网友的围观。其中不乏“天雷”级别的“晒客”。“国色天香”的凤姐已经不算极品，最近被网友称作“索马里山贼”的马里山，频频在微博和blog上放出“雷照”，自称“小脸美人”“比女人还美”，过度的ps和异于常人骨骼结构的锥子脸让人目瞪口呆，网友纷纷留言“骨骼也太惊奇了吧！”“请问外星友人来地球的目的是什么？”马里山同学不屈不挠，继续展示自己的“靓照”，丝毫不认为自己那“比女人还美”的婚纱照有什么问题，并宣称攻击他的人都是嫉妒他的美貌。

明明招来板砖无数，为什么还要晒个不停呢？有些人甚至把非常私密的东西放到网上供人围观。按照传统观念，隐私是应该被保护的。我们也自小就被教育不要乱说自己的事，家丑不可外扬，等等。但是，如今的晒客们颠覆了这样的认知。在信息过剩的当代社会，已经没什么隐私可言了。每个人都可能因为一件小事成为被人肉的对象，更不要说那些主动晒这晒那拼命“求围观”的晒客了。

从前日记要写在带锁的本子里，现在隐私要写进blog与陌生人分享交流。这些晒客们是出于什么原因这样做呢？

1.“秘密”也是心理压力，需要释放

人的心理分成三个区域：一是能被人觉察到的“透明区”，另一个是自己知道别人不知道的部分，叫作“隐匿区”，还有一个是自己不知道，而别人可能知道也可能不知道的层面，被称作“潜在区”。心理学家发现，一个人在生活中产生幸福感的能力，很

大程度上被这三者在他的心理总量中的比例影响着。心理健康的人，透明区的所占比例是最大的，隐匿区其次，潜在区最小。如果隐匿区比透明区大，或者潜在区所占比例过大，就代表心理健康的状态亮起红灯了。隐匿的秘密越多，人的心理压力就越大，容易产生心理疾病，适当地释放秘密，是维持心理健康的一个举措。

2.“自我塑造”的过程

按照弗洛伊德派学者的观点，“性”，是人类隐私的核心内容。很多晒客不晒化妆过程，不晒靓衫搭配，专晒自己这方面的隐私。就像《生活大爆炸》里面把两人的亲密过程写在blog里惹得Penny暴跳如雷的变态男那样。很多女孩子也抱怨自己的男友喜欢在网上甚至现实中大谈情侣之间的隐私。在公众领域，“性”是人类最高级的禁忌，这些晒客为什么这么热衷晒出自己的性经历呢？

人实际上有两个“我”，一个是社会的“我”，即别人眼中的“我”；另一个是心理的“我”，即自己眼中的那个“我”。在虚拟的网络世界，人们是如何塑造社会的“我”的呢？网络上没有社会地位、收入的差别，就像人们说的谁知道马甲后面是人是狗，那么就只剩下最原始的——性的比较了。在别人眼中，你的存款、职位、外貌，你是国内三本的毕业生还是常春藤盟校的博士都没有任何意义，但是唯有“性”是在任何情况下都可以沟通的。所以，晒出性隐私就是在网络上塑造一个真实的自我。

3. 有助于人际关系发展

“自我暴露会让别人喜欢你”，这是美国社会心理学家经过一系列实验得出的结论。“自我暴露”就是指把自己私人性质的东西展现出来，或者把关于自我的内层信息传递给对方，让对方最大限度地了解自己。善于自我暴露的人通常比较自信。因为，一直紧紧封闭自己，不让他人了解，本身就是一种示弱的表现。

良好的人际关系，其实是在自我暴露逐渐增加的过程中发展起来的。信任程度和接纳程度越高，交往的双方就会有越来越多的自我暴露。因此，自我暴露的广度和深度可以看作人际交往的一个晴雨表。

心理学家虽然提倡适当的自我暴露，但不能不分对象不分时间场合地胡乱暴露。人们最喜欢的是与自己的自我暴露有相同水平的亲密的人。所以说，自我暴露要遵循相互性原则，应该根据相互关系中对方的特点而采取相应的对策。“相互性原则”还有另一层含义，即“自我暴露”必须缓慢而温和，让双方都不致感到惊讶。如果一下子就揭开自己的深层隐私，想以此加快亲密的进程，反而会把对方吓一跳，引起焦虑和自我保护的反应。

运用视线架起沟通的桥梁

车尔尼雪夫斯基曾说：“富有表情的眼睛是最美的。”眼神是心灵的窗户，当丰富的内心世界无法用语言表现时，当心情因为激动而起伏变化时，眼神一瞬间就能把说不完道不尽的东西表露出来。而且黑格尔还指出，不但是身体的形状、面容、姿势，就是行动和事迹，语言和声音，以及它们在不同生活情况中的千变万化，全部由艺术化成眼睛，人们从这眼睛里就可以认识到内在、无限、自由的心灵。

交流的时候，我们应学会用视线为彼此双方架起一座沟通的桥梁。尽管它是无声的，但他对突破双方的关系大有裨益。那么，我们具体该如何去架构这座桥呢？

1. 积极表现自我

说话者应以明亮有神，热情友善，充满智慧、自信且坦荡、敏锐的目光，去告诉对方你是怎样的人，积极说明自己的坦诚、自信以及内在的修养，这一点非常重要。目光的流露是假装不得的，实际上这样也不可能达到好的效果。因此在说话时，一定要抱着与人为善的初始态度，以真诚对待他人，这样才能取信于他人。虚情假意即使瞒得了一时，也经不住时间的考验，这样的结果只会有害于自己。

2. 视线沟通技巧

卡耐基认为，只有在眼光接触的情况下，才能建立真正的沟通基础。与别人谈话时，有些人令我们感觉自在，有些人却不然，似乎不值得我们信赖。这主要和他们说话时注视我们或正视我们视线的时间长短有关。某人不诚实或有所隐瞒时，其眼睛和你的眼睛视线相接的时间少于1～2秒。当某人注视你的时间超过2～3秒时，原因之一，他或她发现你很有趣或很吸引人而瞳孔扩张；原因之二，他或她心怀敌意，发出无言的挑战而瞳孔收缩。研究指出，当A喜欢B时，会经常凝望B，让B知道A喜欢他，期盼B因而喜欢 A。换句话说，为了建立和谐的人际关系，和别人谈话时，你的视线应该和他的视线相接大约 6 ～ 7 秒的时间。紧张胆怯的人，他正视你眼睛的时间低于 1 ～ 3 秒，因此令人无法信赖。谈判时，应避免戴深色眼镜，因为会使别人感到你在瞪他们。

和大部分肢体语言的动作一样，凝视说话对象的时间长短也是由不同地区的文化背景决定的。南欧人的凝视时间较长，因而显得具有侵略性；日本人谈话时，则注意对象的颈部而非脸部。因此在下结论时，务必考虑文化背景。

视线相接的时间长短值得注意，你所注视的范围也很重要，因为这也影响到谈判结果。这些信号透过无言的传递和接收，对方很可能会自行加以解释。大约需要 30 天有意识的练习才能熟练应用下列眼部动作，增进你的沟通技巧。

（1）商谈视线：商业会谈中，请你想象对方的额头和眉眼之间有一块正三角区域。视线直视这个区域，会产生严肃气氛，使对方感觉到你在正经谈生意。假如你的视线不下降到对方眼睛以下位置，你就能继续控制彼此的互动关系。

（2）社交视线：视线下降到对方的眼睛以下时，社交气氛便会产生。试验显示，在社交场合中，一般人会注释对方眼睛和嘴巴之间形成的倒三角形区域。

（3）亲密视线：亲密视线通过双眼往下经过下巴到对方身体其他部位。近距离时，在双眼和胸之间形成三角形；远距离时，由双腿到下腹部之间。

（4）斜视：斜视看人表示兴趣或敌意。和挑高的眉毛或微笑一起出现时，表示感兴趣而常被作为求爱信号使用，但与下垂眉毛、皱眉头、下垂嘴角同时出现，则表示怀疑、敌意或批评。

3. 适应内心情感的变化

说话者在说话时，他的思想感情总是随着话语的内容起伏而变化。有时深沉，有时哀伤，有时激昂高亢，有时又可能像涓涓细流那样不胜缠绵。然而，不管是什么样的感情，说话者都应尽可能让目光产生相应的变化，以便启发对方对于所说话语的理解，对于所传达的感情的体验。例如，说到兴奋的时候，你可以让眼睛发出兴奋的光芒；说到哀伤处，让眼睛呆滞一会儿，使这种情感显露出来。目光和说话内容密切配合，传情达意的作用就更加明显。

4. 灵活控制

巧妙地使用目光颇有讲究。使用扫视全场的环视法，可以迅速了解到听众对你说话所持的态度、兴趣点所在等，以便你就有关内容进行调整或即兴发挥，做到与听众合拍。有时可以使用点视法，即重点观察某一局部听众，保证他们及时理解你所表达的意思。对那些面有疑云的听众，若投以启发引导性的目光，可使其渐趋安定。对那些欲言又止者投以赞许性的眼神，往往会使询问者壮起胆子，提出问题。而对于交头接耳、窃窃私语者，说话暂时停顿一下，投以制止性的目光，听话者就能触目知错，知趣地停止小动作。

所以，与他人进行交流的时候，不要把自己想表达的全部意愿统统依托在语言上。睁开你的双眸，用目光向对方述说，这样去拉近彼此的关系，往往更加有效。

表达友善，就不要跷起二郎腿

英国心理学家莫里斯经过一系列研究，发现了一个十分有趣的现象："人体中越是远离大脑的部位，其可信度越高。"事实确实如此，在平时生活中我们与他人相处时，总是最先注意他们的脸；而且我们知道，别人也这样注意我们，所以，为了掩饰自己的真实想法，我们常常借助一颦一笑来撒谎。并且，在人成长的过程中，我们的长辈会告诉我们，不要把什么事情都挂在脸上，要有些城府，于是我们学会了强颜欢笑，学会了故作镇定。作为一种社交需要，这当然无可指责。如此一来，我们用脸掩饰自己的能力也变得越来越强了。而腿和脚是远离大脑的，绝大多数人都顾不上这个部位，因此，它就要比脸诚实得多，腿和脚是人体中最诚实的部位，是我们在寻找一个人所思所想的非语言信号时的首选部位。

腿部和脚部信息可以直观地反映出一个人内心的情绪和性格特征，就是通过走路的状态反映出来的信息都是十分具有参考价值的。有的人走路昂首阔步，充满自信；而有的人走路低头哈腰、无精打采。不同的走路姿势反映出人们不同的性格和情绪。紧张、愤怒、恐惧、忧虑、担心、厌烦、坐立不安、幸福、快乐、受伤、害羞、腼腆、谦逊、笨拙、自信、沮丧、衰弱无力、生机勃勃、好色和生气……这些都能在腿和脚的行走姿势上有所体现。因此，在人际交往中，如果我们善于通过他人走路的姿势了解到他的性格及心理，就能够提前做好准备并想出应对策略。

FBI 曾面向社会招聘人才，一位前美国海军少校经过层层选拔进入了 FBI 的面试。这位美国海军少校出生在美国一个军事世家中，很小的时候就受父亲的影响而从军，军事素质很强。但是他为人处世显得很傲慢，不懂得尊重别人，所以这个海军少校很不受人们欢迎。这名海军少校接到面试通知后，便按照通知的时间来到 FBI 总部。面试官是 FBI 的局长和其他一些美国政界的高层，他们看了这名海军少校的简历知道他军事技能很硬，曾经是一个军官，而他们正需要这样的人才。这名海军少校在面试的时候显得非常放松，在面对面试官提问的时候，他甚至跷起了二郎腿，还不停地晃动着自己的身体。这让面试官感到非常吃惊，没想到他这么没有礼貌。

面试官们对海军少校的表现很不满，FBI 局长不满地说道："在众多面试的人员中，这个人军事素质很厉害，但是从他跷二郎腿的动作就能看出他是个傲慢无礼、不懂得尊重别人的军官。虽然他的军事技能过硬，有一定的优势，但是要做 FBI 的探员，必须要从多方面对其进行考核，包括为人处世的方式，以及个人的品德习惯。在这里，不管你的军事技能如何，或者在某一方面有多强的能力，如果他自身素质不高，不注重团队合作，也是不能通过考核的。FBI 是很注重团队合作的。而这位海军少校军事技能虽然过了关，但是他的个人素质和团队协调能力却不符合 FBI 的要求，所以 FBI 不会录用他。"

在日常生活中，我们把脚架到另一只腿上的姿势称为二郎腿，这个动作经常在男性身上出现，男性通过这样的动作向别人显示自己男子汉的一面和自己处于权势的地位。这种人一般都非常自信且做事独断，遇到问题不愿与其他人商议，而是凭借个人主观意愿去做事。这种人一般都非常有主见，不会轻易改变自己的想法，总是希望别人按照自己的意愿去办事。那些试图用自己的想法说服他的人，可能会有挫败感，因为在这种人的潜意识里，始终认为自己才是主导事情发展的关键人物，别人要服从自己的观点才是他们最终的目标。不过做这种动作一定要从自身实际情况出发，要有一定的尺度，如果在领导或者面试官面前做出这种动作的话，会给对方留下一个非常不好的印象，在他们眼中你是一个不懂得尊重别人、自高自大的人，这样的话对自己的前途是没有任何好处的。

腿部和脚部虽然是人体最末端的部位，但是它们所反馈出来的信息的可信度却不比身体其他部位差，在某些方面可能还优于身体其他部位。要想表达对人的友善与尊重，那么，不要轻易跷起二郎腿。

彬彬有礼的暗示：不希望你太靠近

人们之间相互交流的语言是反映关系亲疏的重要标志。仔细想想你会发现，和闺密、死党在一起时，说话总有点大大咧咧，想说什么就说什么，甚至互相“使唤”“数落”对方，反而更显出友谊深厚。爱人之间更是如此，所谓“打是亲、骂是爱”，打打闹闹的夫妻情谊深；相反，“相敬如宾”则很有可能演变成“相对如宾”。反过来，和不熟悉的人交往，人们会十分注重礼貌和礼节，说话做事都小心翼翼。语言可以拉近或推远相互之间的心理距离。保持适当的心理距离是人际交往的必要条件，然而如果一个人对你总是彬彬有礼，则不只是礼貌，而是一种自我保护与防卫了。

晓媛进入公司已经两个月了，生性活泼的她与办公室的同事相处得不错。其中一个女孩对晓媛总是非常客气，“请”“没关系”“谢谢”这些字总是挂在嘴边。一开始，晓媛觉得这个女孩很有修养，于是想接近她和她交朋友，后来慢慢发现她其实不太喜欢自己，关系总是不远不近，反倒是那些互相打趣、开玩笑的同事和自己成了要好的朋友。

可见，礼貌有时被人们当作与人保持距离的武器。对于不想亲近的人，人们不好意思直接说“我不喜欢你，请你离我远一点”，于是采用这种婉转的方式，见面会报以微笑，说话也总是很客气，甚至有时候过分客气让你觉得不好意思，这就是他在暗示你“我把你当成外人，不想和你太亲近”。如果有人这样对你，千万不要误会他是个“十分懂礼貌、有修养的人”，真正有修养的人不会让别人感到不舒服，遇到这种情况，最好知趣地应酬几句就走开，别把对方的礼貌当成对你的好感。

日本语言学家桦岛忠夫说：“敬语显示出人际关系的亲疏、身份、势力，一旦使用不当或错误，便扰乱了应有的彼此关系。”在某种无关紧要或特别熟悉的人际关系中，我们根本没有必要使用敬语。如果在很亲密的人际关系中，碰见有人突然使用敬语对你说话，那就得小心了：是否在你们之间出现了新的障碍？如果在交谈中常常无意识地使用敬语，就说明与对方心理距离很大。过分地使用敬语，就表示有激烈的嫉妒、敌意、轻蔑和戒心。所以，当一个女人对男人说话时，若使用过多的敬语，绝对不是表示对他的尊敬，反而是表示“我对他一点意思也没有”，或是“我根本就不想和这类男人接近”

等强烈的排斥反应。

有些人虽然彼此交往很长时间，双方也很了解，但是，对方依然在运用客气的言辞，说话也十分谨慎，谈话总是停留在寒暄的层面。在这种情况下，对方如果不是在心理上怀有冲突与苦闷，就是在心中怀有敌意。为求掩饰，便启动反作用的心理防卫机制——对人更加恭敬。这等于说，这类以令人难以忍受的过分谦恭的态度对待别人的人，内心里往往郁积着对别人的强烈攻击欲。反之，有人故意使用谦逊与客气的言语，因为他们企图利用这种方式和态度闯进对方心里，突破对方心中的警戒线，实际上，他们的真正动机在于掌握对方，实现居高临下的愿望。

总之，无论是哪一种情况，如果有人总是对你彬彬有礼，即使认识很长时间了也一直如此，那么请提高警惕，对方心里从未把你当成朋友，你最好也敬而远之，大家则会相安无事。

交往，不可不懂距离学问

人们每天都要和他人交往，在这个过程中，保持距离、保证个人空间不受干扰就显得尤为重要。在现实中，个人空间就体现在与他人相处时的距离上，根据距离的不同，表示双方的关系不同。

根据西方学者的测量，人们会依据交际环境的不同，把个人空间分为四个不同的距离，并根据交际性质的不同、交际对象关系的亲疏进行调整。

1. 亲密距离

这个交际距离若经过量化大致是 0 ～ 45 厘米。由于这种距离会引起人们之间的身体接触，所以通常只在极亲密的人之间使用，如情侣、父母等。其他人若进入这个区域或碰触自己的身体，将会产生被侵犯的感觉。例如，被医生触摸身体，在公车上人与人之间的碰撞等。

2. 私人距离

在非正式的交谈，如和友人聚会、亲朋聚餐时，人们会保持此距离，大约为 45 ～ 120 厘米。通常这种距离在熟悉的人之间使用，显得双方既亲切又不过分亲密。

3. 社交距离

在与陌生人打交道时，例如，在社会交谈和商贸谈判中，人们会使用这个距离，经过量化是 1.2 ～ 3.6 米（普通的商务活动和业务洽谈等不属于这个范围）。这一地理距离既能促进双方交谈，又不会有侵犯和极不礼貌的嫌疑。

4. 公共距离

当我们需要在众人面前演讲或发言时，使用的基本是这个距离，为3.6米以上。所以，它主要适合于和一大批人打交道的时候。在这一地理距离疏远的情况下，演讲者或发言者才会感到舒服，有畅所欲言的愿望。

第十三章

捕捉信息，在举手投足间获胜

身体语言里潜藏着成交信息

虽然推销员的推销术基本大同小异，但顾客的反应却各不相同。有经验的推销员清楚，如果顾客展现出积极、合作、热情与赞同的身体语言信号，交易达成的可能性将会大大增加。

那么，顾客想要交易时所展现的积极身体语言都有哪些呢？

1. 面部表情积极、热情

顾客的微笑、点头，嘴角甚至鼻子部位都带着浅浅的笑容，看起来很热心，说明他购买商品的可能性很大。如果他注视你的眼睛，利用专注的目光进行眼神交流，表现出浓厚的兴趣，说明交易能有一个良好的进行。如果顾客专注地观看产品展示或产品示范，则他很可能要着手购买了。

2. 身体动作积极

如果顾客坐在椅子的边缘，上身微微前倾，睁大眼睛，表现出一副渴望仔细聆听的样子；而两条腿自然下垂，只用脚尖踮地，这说明顾客已经准备签订购买合同或愿意同推销员合作了。这个信号加强了顾客身体和心理的敏感性，充分表现出某种程度的准备状态。他甚至开始搓揉双手，有点迫不及待了。

假如在谈论期间，顾客手部自然伸展，或脱下外套等，则说明他愿意接受你的看法与建议。如果加上温和、愉快的语气，成功交易指日可待。

3. 相互模仿

本书之前的章节也提到过，“模仿”是认同的开始。如果你是销售人员，就需要注意，如果顾客开始不自觉地模仿你的姿态或者手势，或者学习使用产品，则说明你的表现已经吸引了他，或者引起了他的兴趣。互相模仿的动作，说明他在为购买商品做必要的学习。

如果顾客出现了上面这些反应，就表示他们愿意接受相关产品的解说，这个时候你继续与顾客讨论积极的事情。很快他们就会对产品发表一系列的看法。他们对你鼓励尝试产品的做法也不会感觉厌烦了，会产生与你进一步合作的意愿，并对你释放一些友好的信号。当然，如果顾客对产品表现出极其浓厚的兴趣，你也应回报以同样的热情，以使得气氛融洽，并让顾客确信，自己需要认真思考购买这款产品。此时，他们的身体一般会距离你近一些，这就是“上前打听”的由来，因为双方距离的拉近，更利于塑造良好的关系。

商务交谈，多注意对方嘴部表现

在商务交涉中，对手所说的话未必都是真实的，但他们的嘴部动作却很“坦诚”。因为，根据身体语言学家的观察，发现人们的嘴部富有极强的表现力，它的动作常常能让谎言不攻自破，把人的心绪全面暴露出来。

1. 咬住的嘴唇

谈判中，如果对方经常咬住自己的嘴唇，就是一种自我怀疑和缺乏自信的表现。因为在生活中，人们遇到挫折时容易咬住嘴唇，惩罚自己或感到内疚。若在谈判中用到，则说明对方已经开始认输，内心开始妥协退让了。

2. 抿着的嘴唇

谈判中，如果看到对方抿着嘴唇，则表示他内心主意已定，是有备而来，绝对不会轻易让自己退让。如果他的目光不与你接触，则说明内心有秘密，不能泄露。所以，抿着嘴巴，怕自己泄露信息。

3. 嘴向上噘起

这个动作说明对方对你提出的建议很不满，是表达异议的一种方式。因为小孩子在猜到父母哄骗自己时，就容易做出这样的动作。成年人在商务场合做出这种动作就像在说:“哄小孩子呢，我可不满意。”这时，他们通常不会答应任何条件，而是等着对方调整策略。

4. 嘴不自觉地张开

对方做出这样的动作，显示出倦怠或者疏懒的样子，则他可能对自己所处的环境产生了厌倦，不肯定。抑或对讨论的话题理不清头绪，缺乏足够的自信来应付你。

谈判场如博弈场，关注对方嘴部的变化，就能发掘他们心中的秘密。

从“举手投足”间捕捉潜藏信息

坐到谈判桌前，个人举止将会同以往有很大不同。人们往往会借助一些手势来表达自己的意见，从而使效果更臻完美。作为谈判的一方，你应当学会趁机仔细观察对手，捕捉潜藏的信息，从而迅速得到自己想要的信息。

欲做到这一点，你通常要注意以下几点。

1. 对方的举止是否自然

谈判中，如果对方动作生硬，则你要提高警惕。这很可能表示对方在谈判中为你设置了陷阱。同时，还要注意他的动作是否切合主题。如果在谈论一件小事的时候，就做出夸张的手势，动作有些矫揉造作，欺骗意味增加，需要仔细辨别他们表达情绪的真伪，避免受到影响。

2. 对方的双手如何动作

在谈判中，注意对方的上肢动作，可以恰当地分析出其心理活动。如果对方搓动手心或者手背，表明他处于谈判的逆境。这件事情令他感到棘手，甚至不知如何处理。

如果对方做出握拳的动作，表示他想提出挑衅，尤其是将关节弄响，将会给另一方带来无声的威胁。

如果对方手心在出汗，说明他感到紧张或者情绪激动。

如果对方用手拍打脑后部，多数是在表示他感觉到后悔。可能觉得某个决定让他很不满意。这样的人通常要求很高，待人苛刻。而若是拍打前额，则说明是忘记什么重要的事情，而这类人通常是真诚率直的人。

如果对方双手紧紧握在一起，越握越紧，则表现了拘谨和焦虑的心理，或是一种消极、否定的态度。当某人在谈判中使用了该动作，则说明他已经产生挫败感。因为紧握的双手仿佛是在寻找发泄的方式，体现的心理语言不是紧张就是沮丧。

3. 对方腿部和脚部如何动作

从对方的腿部动作也能搜罗出一些信息，如果他张开双腿，表明对谈话的主题非常有自信，若是将一条腿跷起抖动，则说明他感觉到自己稳操胜券，即将做出最后的决定了。

如果对方的脚踝相互交叠，则说明他们在克制自己的情绪，可能有某些重要的让步在他们心中已形成，但他们仍犹豫不决。这时，不妨向他提出一些问题并进行探查，看是否能让他们将决定说出口。

如果对方摇动脚部或者用脚尖不停地点地，抖动腿部，则说明他们很不耐烦、焦躁，要摆脱某种紧张感。

如果对方身体前倾，脚尖踮起，表现出温和的态度，则说明对方具有合作的意愿，你提的条件他基本能接受。

通过观察对方的举手投足，可以初步判断出他们的决定与想法。

有疑虑的客户，多有这种身体反应

对于一次推销来说，如果在顾客面前，产品被熟知和信赖，无须经过任何介绍，直接开始销售，是相当不错的开始。但绝大多数人对产品并不了解，甚至持怀疑的心态。此时要想增加顾客购买的信心，让销售工作更成功，你就要看懂客户内心表示疑虑的身体动作和语言方式。

1. 客户听得多，说得少

人们面对推销的时候，如果只是倾听，很少回应，则说明他们陷入了思考，很可能还没有做出最后的决定。此时，从顾客的想法出发，他考虑最多的应该是商品的功能怎么样和价格是不是实惠的问题，这时，他需要你细致温和地反复解释。因为任何人在购买东西时，都希望从两方面得到满足：一方面是理性上的，即认为产品的确物有所值，性价比高；另一方面是感情上的，即顾客感到自己受到重视，推销员一直姿态真诚，以诚动人。

2. 顾客举棋不定的表情和动作

如果顾客出现下列表情，则他们可能正举棋不定，或者并没有明确要购买的意愿。

顾客不停地摆弄头发，调整身体的姿势，或者将眼镜从脸上拿下来不停地擦拭。他们这些类似于暂停的动作，就是给身体提供思考的机会，就像在说：“我需要认真考虑一下。”

顾客呈现出一副沉思、专注的样子，用一只手托着下巴，同时轻轻抚摸脸颊，肩膀下垂，这是在思考的表现。

顾客两眼呆滞，没有其他动作，或者眼睛望着某一处一动不动，并眉毛上挑，说话吞吞吐吐，这是犹豫不决的表现。

如果顾客提出了一些简单的问题，但在你介绍的时候，并没有认真听，而是迎合地发出“嗯，啊”的声音，你就不能因他的互动而高兴太早，他很可能是在敷衍你。当让你提供一些材料的时候，他或许还没有对此产品进行考虑，因为很多推销人员的说辞都水分大于真实情况，他可能是想进一步了解情况再说。

如果顾客把玩商品很久，但是左看右看，眉毛总是皱着，表明顾客还很挑剔，对这件产品心怀不满。

3. 破解客户的懈怠反应

如果在推销的时候，顾客开始交叉双臂，把自己封闭起来，这说明他们有拒绝交易的倾向。此时，他们也许需要一份关于产品的文件或材料，而不是你的滔滔不绝。他们是在试着重新进入对商品的评估状态，这时他们往往想转移话题，从这个购买的信息上转开，转到了休息闲聊上面，一会儿又绕到了交易上面来。

如果客户紧闭嘴唇，频繁地触摸鼻子和眼睛，说明可能是你说了什么话或者做了什么事情，让他们感到不舒服。这是他们想要话语权表表态的标志，他们想告诉你他们需要的产品有什么特征，以及内心对这个产品的感觉，并希望得到你的积极肯定：“我们公司也有这样的产品。”

总之，我们可以通过客户的身体语言，判断出他们内心在想什么。

辨别表情，识别消极状态

有些时候，尽管作为销售人员的你做出很多努力，但仍无法打动顾客。他们明确地用消极的信号告诉你，自己并不感兴趣。这时，你就需要暂停言语，相机而动。

一般来说，如果一个顾客明显做出下列表情，就说明他已经进入消极状态。

1. 眼神游离

如果顾客没有用眼睛直视你，而是不断地扫视四周的物体或者向下看，并不时地将脸转向一侧，似乎在寻找更有趣的东西，这就说明他对你推销的产品并不感兴趣。如果目光呈现出呆滞的表现，则说明他已经感到厌倦至极，只是可能碍于礼貌不能立刻让你走开。

2. 表现出繁忙的样子

假如顾客一见到你就说自己很忙，没有时间，以后有机会一定考虑相关产品；或者在听你解说的过程中不断地看手表，表现有急事的样子，说明他可能是在应付你。

实际上，他很可能并没有考虑过被推销的产品，也不想浪费时间听你对产品的解说。而如果你没有足够的耐心引导他进行购买，将很难成交。

3. 言语表现

如果顾客既不回应，也不提出要求，更没让销售人员继续做出任何解释，而是面无表情地看着你们，说明顾客感到自己受够了，他的心里在说："这个聒噪的销售员可以立刻走人了。"

4. 身体的动作

顾客在椅子上不断地晃动，或者用脚敲打地板，用手拍打桌子或腿，把玩手头的物件，都是不耐烦的表现。如果开始打呵欠，再加上头和眼皮下垂，四肢无力地瘫坐着，就表明他感到销售员的话题简直无聊透顶，他都要睡着了。即使你硬说下去，也只会增加顾客的不满。

面对顾客的上述表现，销售人员可以做出最后一次尝试，向顾客提出一些问题，鼓励他们参与到推销之中。如果条件允许，可以让顾客亲自参与示范、控制和接触产品，以转变客户对产品冷漠的态度。如果客户的态度仍不为所动，你可以尝试退一步的策略，请顾客为公司的产品和自己的服务提出意见并打分。如果顾客留下的印象是正面的，或者下一次他想购买相关产品时，就会变成你的顾客。注意，在这一过程中，一定要保持自信和乐观、热情的态度，不应因为遭到拒绝而给客户脸色。

对手反应不同，策略也要不同

有人戏称谈判是一场顽强的性格之战。因为在谈判中要接触的对手可能千差万别，无论一个人经验如何丰富，也很难做到万无一失。因此，对于各种不同的谈判对象，可以视其性格的不同而加以调整，采取不同的策略。

1. 强硬的对手

强硬型的谈判对手情绪表现都十分激烈，态度强硬，在谈判中趾高气扬，不习惯也没耐心听对方的解释，总是按着自己的思路，认为自己的条件已经够好的了。尽管这种一厢情愿式的主观认识十分愚蠢可笑，但是他们仍然乐此不疲。

强硬派总是咄咄逼人，不肯示弱。有的也许会什么也不说，有的干脆一口回绝，绝无回旋的余地。强硬派之所以如此“硬”，是因为他们拥有自身的优势，也是自身的性格使然。

如果遇到这样的谈判对手，你最好做好各种心理准备，准备应付各种尴尬场面，并耐心地理直气壮地提出你的理由。

2. 坦率的对手

这类人的性格使得他们能直接向对方表示出真挚、热烈的情绪。他们十分自信地步入谈判大厅，不断地发表见解。他们总是兴致勃勃地进行谈判，乐于以这种态度取得经济利益。在磋商阶段，他们能迅速把谈判引向实质阶段。他们十分赞赏那些精于讨价还价，为取得经济利益而施展手法的人。

他们自己就很精于使用策略去谋得利益，同时，希望别人也具有这种才能。他们对“一揽子”交易怀有十足的兴趣。作为卖者，他希望买者按照他的要求做“一揽子”说明。所谓“一揽子”意指不仅包括产品本身，而且要介绍销售该产品的一系列办法。

与他们打交道的最好办法，是在谈判之前进行摸底，并在谈判中率先阐明自己的立场，提出对方没想到的细节。

3. 攻击性强的对手

遇到攻击型的谈判对手，最好避其锋芒，击其要害。攻击型其实是有别于强硬型的一种。强硬型的谈判对手有时仅仅采取防御姿态坚持自己的原则立场，而攻击型的对手却是有目的、有针对性地向你进攻，迫使你屈服，不给你反抗的余地。

攻击型的对手往往能寻找到一些理由加以攻击，并不是无中生有。因此，如何应对攻击型的对手就成了一个难题。

对付这类人，当事人必须注意的一点就是：切莫惊慌，惊慌往往自乱阵脚；也不要过于愤怒，过于愤怒会没有分寸。自乱阵脚而失去分寸，那必受害无疑。

4. 搭档型的对手

搭档型的谈判对手或隐或显，虚实相间，最令人防不胜防。

搭档型的对手表现是：当谈判开始时，对方只派一些低层人员作为主谈手。等到谈判进入快要达成协议时，真正的主谈手突然插进来，表示刚才的己方人员无权做出决定，或是刚才的价格过低，或者是时间不能保证。

当你表示失望或觉得一切都完了的时候，对方会说："如果你确实急需，我也可以卖给你，但至少在价格上要做些调整……"你此时往往无可奈何。因为谈判进行到这个时候，你已完全摊开了底牌，对方已掌握了你谈判的一切秘密，如果你想达成协议，除了做出让步外，别无他法。

当然，谈判必须是在有准备的情况下进行。谈判之初，你必须了解对手是否有权在协议书上签字，如果他表示决定权在上司那里，你应坚决拒绝谈判。还有，既然对手派的是下层人员与你谈判，你也不妨让下层人员去谈判或由别人代替你去谈判，待草签协议之后，你再直接与对方掌权之人谈判。这样，你将获得较大的转换空间，不至于到了关键时刻被别人牵着鼻子走。

他的上半身，给你决策性提示

处于针锋相对角度的双方，都希望能首先得知对方的决定，预测谈判的结果。但如何判断对方会如何决定？他们是否会选择合作？而这一切的答案，都在对方上半身的身体动作中。

1. 停止使用防卫姿态

当对方身体上有交叉的姿势存在时，就说明他的思路还没有成熟，也不会轻易接受你的意见。相反，在对方双手舒展开，停止遮掩或者抚摸自己的身体，直面你的时候，说明他已经卸除对你的防备，准备接受提出的条件。

2. 手部解纽扣的动作

谈判中途，对方开始用手轻轻解开外衣的纽扣。说明对方愿意敞开心胸接纳你的意见，让他保持这个状态，则你们离达成协议的距离不远了。并且这种表现也显示他愿意同你积极合作，争取双方的共赢。

3. 眉头上扬或上下活动

谈判对手的眉毛变化比较明显，尤其是当你提出最后的议案时，他突然双眉上扬，或者眉毛迅速上下活动。说明这个议案正是他所期待的结果，他感到非常惊喜和心情愉快。发自内心地赞同你提出的决定。接下来他要说出口的话，可能就是“合作愉快”了。

从细微之处窥视人心事半功倍

在谈判之中，双方为了各自公司的商业利益，展开口舌之战。每个人都步步为营，防止有所闪失。其实，这场口舌之战，更是心理之战。此时，如果能够从他人身上的细微之处窥视人心，则可能有事半功倍的效果。

1. 目光的变化泄露心机

在谈判中，双方将最先开始目光接触。而眼睛因为具有反映人们深层心理的能力，所以能传达出更多真实的情绪。有经验的谈判者一般都会从见到对手的那一刻到握手达成交易时，都一直关注着对方目光的变化。

所以，对方的眼神应该是谈判者掌握的一个重要的信号。如果对方的眼睛突然睁大，那么可能是他想到了什么关键的事情，若是眼神茫然甚至恐惧，说明某个事件让他处于困难甚至危险的境地，或者是你的提议让他感到威胁；若是眼神兴奋，并放松，说明他对话题中的提议很感兴趣。

如果对方转开眼睛，不看你，只是听你说话。一种可能是他根本不想听，感到缺乏兴趣；另一种可能是他在隐瞒什么，不想直视你，或者是此人性格怯懦，不敢与人目光接触，缺乏自信。相反，如果他与你直直对视，且目光凶狠，说明他想威胁你，想让你接受他的条件。

如果对方抬起下巴并垂下眼睛，说明他对你具有蔑视的态度。若是低垂下巴两眼向上望，则可能是要有求于你。

如果对方不停地眨眼睛，则可能是因为神情活跃，对某事感兴趣，或者是因为紧张腼腆而不自觉地做出的调整行为。但若是眼神飘忽不定，则要当心，他可能是想在谈判中为你设置陷阱。

2. 对方的表情表明心意

谈判的时候，对方的表情将会是其内在心理变化的外在反映。一般而言，如果一个人神色紧张，面部肌肉紧绷，露出不自然的笑容，说明他可能是情绪不安，想要借这样的笑容来调节一下情绪或者因撒谎而使用的掩饰动作。

如果对方一脸笑容地听从意见，表现出“非常满意”的姿态，并在嘴上说“一定考虑”等，他实际上是在敷衍你，让你放松警惕，然后再出奇招制胜。

如果对方面无表情，说明他内心正思绪波动，只是不想别人窥探而努力克制。而且他的表情越淡漠，说明他内心越不满，这样谈判很难继续进行。

如果对方表情十分自信，并且嘴角不自主地撇动，则是高傲、占据优势的表现，就像是在对你说:“你没有其他选择，只能同意我。”在这种情况下，若同意对方的条件，将十分不利。所以，你可以用凝重的表情回应，挫挫他们的锐气。